世界是纷繁复杂的，很多事情我们虽然习以为常，但并不了解其真相，我们需要用一些理论来揭示事物运行的逻辑规律，推演命运发展的因果关系。

墨菲定律

李原 编著

中国华侨出版社
北京

▽ 墨菲定律 / 你越担心的事越会发生。

▽ 奥卡姆剃刀原理 / 抓住关键，化繁为简。

▽ 右脑幸福定律 / 开发右脑潜力，用右脑思考问题。

▽ 公平理论 / 没有绝对的公平。

▽ 鲇鱼效应 / 不快速游动就会被吃掉。

前言

世界是纷繁复杂的，很多事情我们虽然习以为常，但并不了解其真相，我们需要用一些理论来揭示事物运行的逻辑规律，推演命运发展的因果关系。我们更需要用一些理论来指导我们的生活和工作，以使我们的生活更加美好，工作更加顺利。

世界上有许多神奇的人生定律、法则、效应，运用这些神奇的理论，我们能洞悉世事，解释人生的诸多现象，更重要的是，这些理论能指导我们如何去做，如何去改变我们的命运。不管你是否知道这些定律和法则，它们都在起着决定性的作用——只是我们很少去关注它们。古今中外，那些伟大的成功者，都深谙这些法则与定律的奥妙所在。所以，无论我们是谁，无论我们从事什么职业，都需要知道这些法则和定律。

生活中，很多人都有过这样的经历：出门怕碰见某人，但偏偏就会遇到；课下没有复习，心中祈祷着老师千万不要叫你回答问题，但课堂上老师偏偏就提问你；乘公交车没座位的时候，总是自己站的位置附近的座位不空出来；有座位的时候，你越是累，越会有老人上来；开车的时候，总是旁边的车道走得快些……这就是著名的"墨菲定律"。它就像一个神秘的幽灵，不时地捉弄人们，让人哭笑不得、心神不宁。墨菲定律其实并不是一种强调人为错误的概率性定理，而是阐述了一种偶然中的必然性。它提醒我们，不要盲目乐观、狂妄自大。错误是这个世界的一部分，我们要学会如何接受错误，并不断从中总结经验教训，以防止人为失误导致的损失和灾难。

为什么很多人感觉自己工作很尽力，却没有达到预期的效果或者收效甚微？这个问题可以用二八法则来解释：通常我们所做的工作80%都是无用功，只有20%是产生收效的。如何避免这种情况的发生？二八法则告诉我们，要把主要精力放在最重要的20%的工作上，让其产生80%的收效。

奥卡姆剃刀定律也可以用来分析和解决这个问题。奥卡姆剃刀定律认为，在我们做过的事情中，可能绝大部分是毫无意义的，真正有效的活动只是其中的一小部分，而它们通常隐含于繁杂的事物中。找到关键部分，去掉多余的活动，成功就由复杂变得简单了。

本书介绍了上百个经典的定律、法则、效应，包括了管理、经济、心理、人生、教育、事业、家庭、感情等多个方面，本书对其逐条进行了深入浅出的解读，全方位地扫描人生的全过程，力求让其成为人们更好的思想磨刀石和行为指南针。

掌握这些定律，对于我们认识事物的本质、发现事物发展的规律、解决生活和工作中遇到的林林总总的问题，具有非常重要的指导意义。它会让我们多一分清醒，多一分智慧，从而大大提升人们对假象和错误的警惕性和免疫力，为大家获得各方面的成功提供有力的思想保证。

目录

第一章　成功学的秘密

洛克定律：确定目标，专注行动 _2

木桶定律：抓最"长"的，不如抓最"短"的 _6

艾森豪威尔法则：分清主次，高效成事 _9

奥卡姆剃刀定律：把握关键，化繁为简 _14

墨菲定律：与错误共生，迎接成功 _19

酝酿效应：灵感来自偶然，有时不期而至 _24

基利定理：失败是成功之母 _29

第二章　职场行为学准则

蘑菇定律：新人，想成蝶先破茧 _34

自信心定律：出色工作，先点亮心中的自信明灯 _38

青蛙法则：居安思危，让你的职场永远精彩 _42

鲁尼恩定律：戒骄戒躁，做笑到最后的大赢家 _47

链状效应：想叹气时就微笑 _53

第三章　人际关系学定律

首因效应：先入为主的第一印象 _60

投射效应：人心各不同，不要以己度人 _65

刻板效应：别让记忆中的刻板挡住你的人脉 _70

换位思考定律：将心比心，换位思考 _74

古德曼定律：没有沉默，就没有沟通 _79

钥匙理论：真心交往才有共鸣 _84

沉默的螺旋：如何有效表达自己不离群 _89

第四章　经济学效应

公地悲剧：都是"公共"惹的祸 _94

马太效应：富者越来越富，穷者越来越穷 _98

口红效应：经济危机中逆势上扬的商机 _100

拉动效应：经济在于"拉动" _104

阿罗定理：少数服从多数不一定是民主 _107

政府干预理论："挖坑"可以带动经济发展 _112

第五章　决策中的学问

羊群效应：别被潮流牵着鼻子走 _116

沉没成本：难以割舍已经失去的，只会失去更多 _121

最大笨蛋理论：你会成为那个最大的傻瓜吗 _126

消费者剩余效应：在花钱中学会省钱 _130

前景理论："患得患失"是一种纠结 _135

棘轮效应：由俭入奢易，由奢入俭难 _139

第六章　管理学原理

二八法则：抓住起主宰作用的"关键" _144

犯人船理论：制度比人治更有效 _150

公平理论：绝对公平是乌托邦 _153

鲇鱼效应：让外来"鲇鱼"助你越游越快 _157

第七章　经营学法则

破窗效应：千里之堤，溃于蚁穴 _162

酒与污水定律：莫让"害群之马"影响团队发展 _167

雷尼尔效应：用"心"留人，胜过用"薪"留人 _172

赫勒法则：有监督才有动力 _177

参与定律：参与是支持的前提 _181

德尼摩定律：先"知人"，再"善任" _185

第八章　两性关系的秘密

吸引力法则：指引丘比特之箭的神奇力量 _190

视觉定律：女人远看才美，男人近看才识 _195

麦穗理论：不求最好的他（她），但求最适合的他（她）_200

第九章　生活法则

酸葡萄甜柠檬定律：只要你愿意，总有理由幸福 _206

因果定律：种下"幸福"，收获"幸福" _211

史华兹论断："幸"与"不幸"，全在于你 _215

罗伯特定理：走出消极旋涡，不要被自己打败 _220

幸福递减定律：知足才能常乐 _224

古特雷定理：有希望，一切皆有可能 _230

右脑幸福定律：幸福在"右脑" _234

相关定律：条条大路通罗马，万事万物皆联系 _238

野马结局：不生气是一种修行 _242

第一章 成功学的秘密

洛克定律：
确定目标，专注行动

有目标才会成功

目标，是赛跑的终点线，是跳高的最高点，是篮圈，是球门，是一个人要做一件事所要达成的自己，是奋斗的方向。没有目标，人就会变成没头的苍蝇，盲目而不知所措。没有目标，你终会因碌碌无为而悔恨；没有目标，你就很难与成功相见。

人要有一个奋斗目标，这样活起来才有精神，有奔头。那些整天无所事事、无聊至极的人，就是因为没有目标。从小就为自己的人生制定一个目标，然后不断地向它靠近，终有一天你会达到这个目标。如果从小就糊里糊涂，对自己的人生不负责任，没有目标没有方向，那这一生也难有作为。每个人出门，都会有自己的目的地，如果不知道自己要去哪里，漫无目的地闲逛，那速度就会很慢；但当你清楚你自己要去的地方，你的步履就会情不自禁地加快。如果你分辨不清自己所在的方位，你会茫然若失；

一旦你弄清了自己要去的方向,你会精神抖擞。这就是目标的力量。所以说,一个人有了目标,才会成功。

美国哈佛大学曾经做过一项关于"目标"的跟踪调查,调查的对象是一群智力、学历和环境等都差不多的年轻人。调查结果显示90%的人没有目标,6%的人有目标,但目标模糊,只有4%的人有非常清晰明确的目标。20年后,研究人员回访发现,那4%有明确目标的人,生活、工作、事业都远远超过了另外96%的人。更不可思议的是,4%的人拥有的财富,超过了96%的人所拥有财富的总和。由此可见目标的重要性。

一位哲人曾经说过,除非你清楚自己要到哪里去,否则你永远也到不了自己想去的地方。要成为职场中的强者,我们首先就要培养自己的目标意识。古希腊的彼得斯说:"须有人生的目标,否则精力全属浪费。"古罗马的小塞涅卡说:"有些人活着没有任何目标,他们在世间行走,就像河中的一棵小草,他们不是行走,而是随波逐流。"

在这个世界上有这样一种现象,那就是"没有目标的人在为有目标的人达到目标"。因为有明确、具体的目标的人就好像有罗盘的船只一样,有明确的方向。在茫茫大海上,没有方向的船只能跟随着有方向的船走。

有目标未必能够成功,但没有目标的人一定不能成功。博恩·崔西说,"成功就是目标的达成,其他都是这句话的注解"。顶尖的成功人士不是成功了才设定目标,而是设定了目标才成功。

目标是灯塔,可以指引你走向成功。有了目标,就会有动力;有了目标,就会有前进的方向;有了目标,就会有属于自己的未来。

目标要"跳一跳，够得着"

目标不是越大越好、越高越棒，而是要根据自己的实际情况，制定出切实可行的目标才最有效。这个目标不能太容易就能达到，也不能高到永远也碰不着，"跳一跳，够得着"最好。

这个目标既要有未来指向，又要富有挑战性。比如那篮圈，定在那个高度是有道理的，它不会让你轻易就进球，也不会让你永远也进不了球，它正好是你努努力就能进球的高度。试想，如果把篮圈定在1.5米的高度，那进球还有意义吗？如果把篮圈定在15米的高度，还有人会去打篮球吗？所以，制定目标就像这篮圈一样，要不高不低，通过努力能达到才有效。

曾经有一个年轻人，很有才能，得到了美国汽车工业巨头福特的赏识。福特想要帮这个年轻人完成他的梦想，可是当福特听到这位年轻人的目标时，不禁吓了一跳。原来这个年轻人一生最大的愿望就是要赚到1000亿美元，超过福特当时所有资产的100倍。这个目标实在是太大了，福特不禁问道："你要那么多钱做什么？"年轻人迟疑了一会儿，说："老实讲，我也不知道，但我觉得只有那样才算是成功。"福特看看他，意味深长地说："假如一个人果真拥有了那么多钱，将会威胁整个世界，我看你还是先别考虑这件事，想些切实可行的吧。"5年后的一天，那位年轻人再次找到福特，说他想要创办一所大学，自己有10万美元，还差10万美元，希望福特可以帮他。福特听了这个计划，觉得可行，就决定帮助这位年轻人。又过了8年，年轻人如愿以偿地成功创办了自己的大学——伊利诺伊大学。

所以说，如果一个人的目标定得过大，没有一点可行性，那这个目标只是一个空谈，永远没有可以兑现的一天。

千里之行始于足下，汪洋大海积于滴水。成功都是一步一步走出来的。当然也有人一夜暴富，一下成名，但是谁又能看到他们之前的努力与艰辛。在俄国著名生物学家巴甫洛夫临终前，有人向他请教成功的秘诀。巴甫洛夫只说了八个字："要热诚而且慢慢来。""热诚"，有持久的兴趣才能坚持到成功。"慢慢来"，不要急于求成，做自己力所能及的事情，然后不断提高自己；不要妄想一步登天，要为自己定一个切实可行的目标，有挑战又能达到，不断追求，走向成功。

拿破仑·希尔说过："一个人能够想到一件事并抱有信心，那么他就能实现它。"换句话说，一个人如果有坚定明确的目标，他就能达成这一目标。坚定是说态度，明确是讲对自我的认识程度。每个人都有自己的优点和缺点，有自己的爱好与厌恶，所以每个人所制定的目标也是不一样的。

要根据自己的实际情况，制定自己"跳一跳，够得着"的目标。首先要对自己的实际情况有一个清晰的认识。对自己的能力、潜力，自己的各方面条件都有一个明确的把握，经过仔细考虑定出属于自己的奋斗目标。有些人之所以一生都碌碌无为，是因为他的人生没有目标；有些人之所以总是失败，是由于他的目标总是太大太空，不切实际。因此，想要成功，就要先为自己制定一个奋斗目标，属于自己的"跳一跳，够得着"的奋斗目标。

木桶定律：
抓最"长"的，不如抓最"短"的

克服人性"短板"，避开成事"暗礁"

一位老国王给他的两个儿子一些长短不同的木板，让他们各做一个木桶，并承诺谁做的木桶装下的水多，谁就可以继承王位。大儿子为把自己的木桶做大，每块挡板都削得很长，可做到最后一条挡板时没有木材了；小儿子则平均地使用了木板，做了一个并不是很高的木桶。结果，小儿子的木桶装的水多，最终继承了王位。

与此类似，遇到问题时，我们若能先解决导致问题的"短板"，便可大大缩短解决问题的时间。

俗话说"人无完人"，确实，人性是存在许多弱点的，如恶习、自卑、犯错、忧虑、嫉妒等等。根据木桶定律，这些短处往往是限制我们能力的关键。就像木桶一样，一个木桶能装多少水，并不是用最长的木板来衡量的，而是要靠最短的木板来衡量，木桶装水的容量受到最短木板的限制，所以，要想让木桶装更多的水，我们必须加长自己最短的木板。

1.恶习

我们时时刻刻都在无意识地培养着习惯，这令我们在很多情况下都臣服于习惯。然而，好的习惯可为我们效力，不好的习惯，尤其是恶习（比如拖沓、酗酒等），会在做事时严重拖我们的后腿。所以，我们要学会对自己的习惯分类，对不好的习惯进行改正，以免将成功毁在自己的恶习之中。

2.自卑

自卑，可以说是一种性格上的缺陷，表现为对自己的能力、品质评价过低。它往往会抹杀我们的自信心，我们本来有足够的能力去完成学业或工作任务，却因怀疑自己而失败，显得处处不行，处处不如别人。所以，做事情要相信自己的能力，要告诉自己"我是最棒的"，那样，才能把事情办好，走向成功。

3.犯错

人们通常不把犯错误看成是一种缺陷，甚至把"失败是成功之母"当成至理名言。殊不知，有两种情况下犯错误就是一种缺陷。一种是不断地在同一个问题上犯错误，另一种是犯错误的频率比别人高。这些错误，或许是因他们态度上的问题，或许是因他们做事不够细心，没有责任心导致的，但无论哪种，都是成功的绊脚石。因此，平时要学会控制自己，改掉马虎大意等不良习惯；犯错后不要找托辞和借口，懂得正视错误，并加以改正。

4.忧虑

有位作家曾写道，给人们造成精神压力的，并不是今天的现实，而是对昨天所发生事情的悔恨，以及对明天将要发生的事情的忧虑。没错，忧虑不仅会影响我们的心情，而且会给我们的工作和学习带来更大的压力。更重要的是，无休止的忧虑并不能解决问题。所以，我们要学会控制自己的情绪，客观地去看问题，在现实中磨炼自己的性格。

5.妒忌

妒忌是人类最普遍、最根深蒂固的感情之一。它的存在，总是令我们不能理智地、积极地做事，于是，常导致事倍功半，甚至劳而无功的结果。因此，无论在生活中，还是在工作中，我们都应平和、宽容地对待他人，客观地看待自己。

6.虚荣

每一个人都有一点虚荣心，但是过强的虚荣心，使人很容易被赞美之词迷惑，甚至不能自持，很容易被对手打败。所以，我们要控制虚荣，摆脱虚荣，正确地认识自己。

7.贪婪

由于太看重眼前的利益，该放弃时不能放弃，结果铸成大错，甚至悔恨终生。众所周知，很多人因太贪钱财等身外之物而毁了大好前程，有时明知是圈套，却因为抵御不住诱惑而落入陷阱。说到底，不是人不聪明，而是败给了自己的贪欲。可见，要成事，先要找对心态，知足才能常乐。

许多人之所以失败，往往是因为他们没有注意到自己成功路上的那块短板，如车祸、建筑工程质量、行贿受贿等。所以，我们要想做好事情，应先学会做人，找到自己成功路上的短板，取长补短，从而摆脱弱点对我们的控制。

艾森豪威尔法则：
分清主次，高效成事

做事分等级，先抓牛鼻子

一天，动物园管理员发现袋鼠从笼子里跑出来了，于是开会讨论，大家一致认为是笼子的高度过低。所以他们将笼子由原来的10米加高到30米。第二天，袋鼠又跑到外面来了，他们便将笼子的高度加到50米。这时，隔壁的长颈鹿问笼子里的袋鼠："他们会不会继续加高你们的笼子？"袋鼠答道："很难说。如果他们再继续忘记关门的话！"

事有"本末""轻重""缓急"，关门是本，加高笼子是末，舍本而逐末，当然不见成效了。与之类似，我们常常会看到这样的现象，一个人忙得团团转，可是当你问他忙些什么时，他却说不出具体的问题来，只说自己忙死了。这样的人，就是做事没有条理性，一会儿做这一会儿做那，结果没一件事情能做好，不仅浪费时间与精力，更没见什么成效。

其实，无论在哪个行业，做哪些事情，要见成效，做事过程的安排与进行次序非常关键。

有一次，苏格拉底给学生们上课。他在桌子上放了一个装水的罐子，然后从桌子下面拿出一些正好可以从罐口放进罐子里的鹅卵石。当着学生的面，他把石块全部放到了罐子里。

接着，苏格拉底向全体同学问道："这个罐子是满的吗？"

学生们异口同声地回答说："是的。"

苏格拉底又从桌子下面拿出一袋碎石子，把碎石子从罐口倒下去，然后问学生："你们说，这罐子现在是满的吗？"

这次，所有学生都不作声了。

过了一会，班上有一位学生低声回答说："也许没满。"

苏格拉底会心地一笑，又从桌下拿出一袋沙子，慢慢地倒进罐子里。倒完后，再问班上的学生："现在再告诉我，这个罐子是满的吗？"

"是的！"全班同学很有信心地回答说。

不料，苏格拉底又从桌子旁边拿出一大瓶水，把水倒在看起来已经被鹅卵石、小碎石、沙子填满了的罐子里。然后又问："同学们，你们从我做的这个实验中得到了什么启示？"

话音刚落，一位向来以聪明著称的学生抢答道："我明白，无论我们的工作多忙，行程排得多满，如果要逼一下的话，还是可以多做些事的。"

苏格拉底微微笑了笑，说："你的答案也并不错，但我还要告诉你们另一个重要经验，而且这个经验比你说的可能还重要，它就是如果你不先将大的鹅卵石放进罐子里去，你也许以后永远没机会再把它们放进去了。"

通过这个故事，我们发现，做事前的规划非常重要。在行动之前，一定要懂得思考，把问题和工作按照性质、情况等分成不同等级，然后巧妙地安排完成和解决的顺序。这样才能收到事半功倍的成效。

这就是艾森豪威尔原则的明智之处。它告诉我们，做事前需要科学地安排，要事第一，先抓住牛鼻子，然后再依照轻重缓急逐步执行，一串串、一层层地把所有的事情拎起来，条理清晰，成效才能显著，不要眉毛胡子一把抓。再如最前面动物园的例子，凡事都有本与末、轻与重的区别，千万不能做本末倒置、轻重颠倒的事情。

艾森豪威尔原则分类法

做任何事情，只有事前理清事情的条理，排定具体操作的先后顺序，一切才能流畅地进行，并得到良好的效果。

在这方面，艾森豪威尔原则给出了一些具体的方法，可以帮助我们根据自己的目标，确定事情的顺序。

这一原则将工作区分为5个类别：

A：必须做的事情；

B：应该做的事情；

C：量力而为的事情；

D：可委托他人去做的事情；

E：应该删除的工作。

每天把要做的事情写在纸上，按以上5个类别将事情归类：

A：需要做；

B：应该做；

C：做了也不会错；

D：可以授权别人去做；

E：可以省略不做。

然后，根据上面归类，在每天大部分的时间里做A类和B类的事情，即使一天不能完成所有的事情，只要将最值得做的事情做完就好。

同样的道理，把自己1~5年内想要做的事情列出来，然后分为A、B、C三类：

A：最想做的事情；

B：愿意做的事情；

C：无所谓的事情。

接着，从A类目标中挑出A1、A2、A3，代表最重要、次重要和第三重要的事情。

再针对这些A类目标，抄在另外一张纸上，列出你想要达成这些目标需要做的工作，接着将这份清单再分出A、B、C等级：

A：最想做的事情；

B：愿意做的事情；

C：做了也不会错的事情。

把这些工作放回原来的目标底下，重新调整结构，规划步骤，接着执行。

这些又被称为六步走方法，即挑选目标、设定优先次序、挑选工作、设定优先次序、安排行程、执行。把这些培养成每天的习惯，长期坚持并贯彻下去，相信，无数个条理性的成功慢慢累积,将会使你拥有非常成功的人生。

现实生活中,很多时候,我们总觉得自己身边有"时间盗贼",没做多少事情,一天就匆匆过去。忙忙碌碌,年复一年,成绩、业绩却寥寥无几。

有句老话说得好:"自知是自善的第一步。"要想改善现状,首先要找出问题的根源。此刻,请你仔细地考虑一下,到底是什么偷走了你的时间?是什么让你日复一日地感到时间的压力?想明白这些问题,拿起笔和纸,按照艾森豪威尔原则,开始规划你的每一天,让时间不再像以往那样在不知不觉中被偷走。

奥卡姆剃刀定律：
把握关键，化繁为简

"简单"，真正的大智慧

近几年，随着人们认识水平的不断提高，"精简机构""删繁就简"等一系列追求简单化的观念在整个社会不断深入和普及。根据奥卡姆剃刀定律，这正是一种大智慧的体现。

如今，科技日新月异，社会分工越来越精细，管理组织越来越完善化、体系化和制度化，随之而来的，还有不容忽视的机械化和官僚化。于是，文山会海和繁文缛节便不断滋生。可是，国内外的竞争都日趋激烈，无论是企业还是个人，快与慢已经决定其生死。如同在竞技场上赛跑，穿着水泥做的靴子却想跑赢比赛，肯定是不可能的。因此，我们别无选择，只有脱掉水泥靴子，比别人更快、更有效率，领先一步，才能生存。换言之，就是凡事要简单化。

很多人会问："简单能为我们带来什么呢？"看了下面的例

子，我们自然就会明白。

有人曾经请教马克·吐温："演说词是长篇大论好呢，还是短小精悍好？"他没有正面回答，只讲了一件亲身感受的事："有个礼拜天，我到教堂去，适逢一位传教士在那里用令人动容的语言讲述非洲传教士的苦难生活。当他讲了5分钟后，我马上决定对这件有意义的事捐助50元；他接着讲了10分钟，此时我就决定将捐款减到25元；最后，当他讲了1个小时后，拿起钵子向听众请求捐款时，我已经厌烦之极，1分钱也没有捐。"

在上面的例子中，我们发现，马克·吐温通过自身的经历，向求教者说明短小精悍的语言，其效果事半功倍；而冗长空泛的语言，不仅于事无益，反而有碍。

事实上，不仅语言如此，现实生活亦同样如此。这就要求我们要学会简化，剔除不必要的生活内容。这种简化的过程，就如同冬天给植物剪枝，把繁盛的枝叶剪去，植物才能更好地生长。每个园丁都知道不进行这样的修剪，来年花园里的植物就不能枝繁叶茂。每个心理学家都知道如果生活匆忙凌乱，为毫无裨益的工作所累，一个人很难充分认识自我。

为了发现你的天性，亦需要简化生活，这样才能有时间考虑什么对你才是重要的。否则，就会损害你的部分天资，而且极有可能是最重要的一部分。

那么，我们如何来实现这种简化呢？很简单，就是重新审视你所做的一切事情和所拥有的一切东西，然后运用奥卡姆剃刀，舍弃不必要的生活内容。

博恩·崔西是美国著名的激励和营销大师,他曾与一家大型公司合作。该公司设定了一个目标:在推出新产品的第一年里实现100万件的销售量。该公司的营销精英们开了8个小时的群策会后,得出了几十种实现100万件销售量的不同方案。每一种方案的复杂程度都不同。这时,博恩·崔西建议他们在这个问题上应用奥卡姆剃刀原理。

他说:"为什么你们只想着通过这么多不同的渠道,向这么多不同的客户销售数目不等的新产品,却不选择通过一次交易向一家大公司或买主销售100万件新产品呢?"

当时整个房间内鸦雀无声,有些人看着博恩·崔西的表情就像在看一个疯子。然后有一名管理人员开口说话了:"我知道一家公司,这种产品可以成为他们送给客户的非常好的礼物或奖励,而他们有几百万客户。"

最后,根据这一想法,他们得到了一笔100万件产品的订单。他们的目标实现了。

可见,不论你正面临什么问题或困难,都应当思考这样一个问题:"什么是解决这个问题或实现这个目标的最简单、最直接的方法?"你可能会发现一个简便的方法,为你实现同一目标节约大量的时间和金钱。记住苏格拉底的话:"任何问题最可能的解决办法是步骤最少的办法。"正如奥卡姆剃刀定律所阐释的,我们不需要人为地把事情复杂化,要保持事情的简单性,这样我们才能更快、更有效率地将事情处理好。

与此相关的,还有一个非常有趣的故事:

日本最大的化妆品公司收到客户投诉,买来的肥皂盒里面是空的。为了预防生产线再次发生这样的事情，工程师想尽办法发明了一台X光监视器去透视每一个出货的肥皂盒。同样的问题也发生在另一家小公司，他们的解决方法是买一台强力工业用电扇去吹每个肥皂盒，被吹走的便是没放肥皂的空盒。

面对同样的问题，两家公司采用的是两种截然不同的办法。无论从经济成本方面，还是资源消耗角度，相信第二种方案的优势都是不言而喻的。这个例子给了我们一个深刻的启示：如果有多个类似的解决方案，最简单的选择，就是最智慧的选择。

在现实生活中，当遇到问题时，我们要勇敢地拿起"奥卡姆剃刀"，把复杂的事情简单化，以选择最智慧的解决方案。

剔掉复杂，切勿乱删

相传，有位科学家带着自己的一个研究成果请教爱因斯坦。爱因斯坦随意地看了一眼最后的结论方程式，就说："这个结果不对，你的计算有问题。"科学家很不高兴："你过程都不看，怎么就说结果不对？"爱因斯坦笑了："如果是对的，那一定是简单的，是美的，因为自然界的本来面目就是这样的。你这个结果太复杂了，肯定是哪里出了问题。"

这个科学家将信将疑地检查自己的推导，果然如爱因斯坦所言，结果不对。

也许你认为奥卡姆剃刀只存在于天才的身边，其实，它无处不在，只是有待人们把它拿起。当我们绞尽脑汁为一些问题烦恼时，试着摒弃那些复杂的想法，也许会立刻看到简单的解决方法。人生的任何问题，我们都可运用奥卡姆剃刀。奥卡姆剃刀是最公平的，无论科学家还是普通人，谁能有勇气拿起它，谁就是成功的人。

越复杂越容易拼凑，越简单就越难设计。在服装界有"简洁女王"之称的简·桑德说："加上一个扣子或设计一套粉色的裙子是简单的，因为这一目了然。但是，对简约主义来说，品质需要从内部来体现。"她认为，简单不仅仅是摈除多余的、花哨的部分，避免喧嚣的色彩和烦琐的花纹，更重要的是体现清纯、质朴、毫不造作。

但需要注意的是，这里所谓的"简单"，不是乱砍一气，而是在对事物的规律有深刻的认识之后的去粗取精，去伪存真。

正如一个雕刻家，能把一块不规则的石头变成栩栩如生的人物雕像，因为他胸中有丘壑。如果你抓不住重点，找不到要害，不知道什么最能体现内在品质，运用剃刀的结果只能是将不该删除的删除了。

那么，我们要合理地使用奥卡姆剃刀，不能盲目。例如，IBM在电脑产品营销中具有得天独厚的优势，如其前CEO郭士纳所言，他们具有非常有优势的集成能力。然而，其广告宣传语却将这一点删掉了，留下推广小型电脑的宣传语。结果，IBM自然未能凭这则广告获得区别于其他电脑的地位。可见，没有什么比删掉自己的优势更可悲的了。

所以，我们在使用奥卡姆剃刀时，要将其用在恰当的位置上，而不是盲目乱删。

墨菲定律：
与错误共生，迎接成功

不存侥幸心理，从失败中汲取教训

众所周知，人类即使再聪明也不可能把所有事情都做到完美无缺。正如所有的程序员都不敢保证自己在写程序时不会出现错误一样，容易犯错误是人类与生俱来的弱点。这也是墨菲定律一个很重要的体现。

想取得成功，我们不能存有侥幸心理，想方设法回避错误，而是要正视错误，从错误中汲取经验教训，让错误成为我们成功的垫脚石。关于这一点，丹麦物理学家雅各布·博尔就是最好的证明。

一次，雅各布·博尔不小心打碎了一个花瓶，但他没有像一般人那样一味地悲伤叹惋，而是俯身精心地收集起了满地的碎片。

他把这些碎片按大小分类称出重量，结果发现 10～100 克的最少，1～10 克的稍多，0.1 克和 0.1 克以下的最多；同时，这些碎片的重量之间表现为统一的倍数关系，即较大块的重量是次大块重量的 16 倍，次大块的重量是小块重量的 16 倍，小块的重量是小碎片重量的 16 倍……

于是，他开始利用这个"碎花瓶理论"来恢复文物、陨石等不知其原貌的物体，给考古学和天体研究带来了意想不到的效果。

事实上，我们主要是从尝试和失败中学习，而不是从正确中学习。例如，超级油轮卡迪兹号在法国西北部的布列塔尼沿岸爆炸后，成千上万吨的油污染了整个海面及沿岸，于是石油公司才对石油运输的许多安全设施重加考虑。还有，在三里岛核反应堆发生意外后，许多核反应过程和安全设施都改变了。

可见，错误具有冲击性，可以引导人们考虑更多细节上的事情，只有多犯错，人们才会多进步。假如你工作的例行性极高，你犯的错误就可能很少。但是如果你从未做过此事，或正在做新的尝试，那么发生错误在所难免。发明家不仅不会被成千的错误击倒，而且会从中得到新创意。在创意萌芽阶段，错误是创造性思考必要的副产品。正如耶垂斯基所言："假如你想打中，先要有打不中的准备。"

现实生活中，每当出现错误时，我们通常的反应都是："真是的，又错了，真是倒霉啊！"这就是因为我们以为自己可以逃避"倒霉""失败"等，总是心存侥幸。殊不知，错误的潜在价值对创造性思考具有很大的作用。

人类社会的发明史上，就有许多利用错误假设和失败观念来产生新创意的人。哥伦布以为他发现了一条到印度的捷径，结果却发现了新大陆；开普勒发现的行星间引力的概念，却是偶然间由错误的理由得到的；爱迪生也是知道了上万种不能做灯丝的材料后，才找到了钨丝……

所以，想迎接成功，先放下侥幸心理，加强你的"冒险"力量。遇到失败，从中汲取经验，尝试寻找新的思路、新的方法。

从哪里跌倒，就从哪里爬起来

英国小说家、剧作家柯鲁德·史密斯曾说过："对于我们来说，最大的荣幸就是每个人都失败过，而且每当我们跌倒时都能爬起来。"成功者之所以成功，只不过是他不被失败左右而已。

1927年，美国阿肯色州的密西西比河大堤被洪水冲垮，一个9岁的黑人小男孩的家被冲毁，在洪水即将吞噬他的一刹那，母亲用力把他拉上了堤坡。

1932年，男孩8年级毕业了，因为阿肯色的中学不招收黑人，他只能到芝加哥就读，但家里没有那么多钱。那时，母亲做出了一个惊人的决定——让男孩复读一年，她给50名工人洗衣、熨衣和做饭，为孩子攒钱上学。

1933年夏天，家里凑足了那笔费用，母亲带着男孩踏上火车，奔向陌生的芝加哥。在芝加哥，母亲靠当佣人谋生。男孩以优异的成绩读完中学，后来又顺利地读完大学。1942年，他开始创办一份杂志，但最后一道障碍是缺少500美元的邮费，不能给客户发函。一家信贷公司愿借贷给他，但有个条件，得有一笔财产作抵押。母亲曾分期付款好长时间买了一批新家具，这是她一生最心爱的东西，但她最后还是同意将家具作为抵押。

1943年，那份杂志获得巨大成功。男孩终于能做自己梦想多年的事了——将母亲列入他的工资花名册，并告诉她，她算是退休工人，再不用工作了。母亲哭了，那个男孩也哭了。

后来，在一段反常的日子里，男孩经营的一切仿佛都坠入谷底，面对巨大的困难和障碍，男孩感到已无力回天。他心情忧郁地告诉母亲："妈妈，看来这次我真要失败了。"

"儿子，"她说，"你努力试过了吗？"

"试过。"

"非常努力吗？"

"是的。"

"很好。"母亲果断地结束了谈话，"无论何时，只要你努力尝试，就不会失败。"

果然，男孩渡过了难关，攀上了事业新的巅峰。这个男孩就是驰名世界的美国《黑人文摘》杂志创始人、约翰森出版公司总裁、拥有3家无线电台的约翰·H.约翰森。

事实上，得失本来就不是永恒的，是可以相互转化的矛盾共同体。记得有一本杂志曾归纳出关于失败的优胜可能：

失败并不意味着你是一位失败者——失败只表明你尚未成功。

失败并不意味着你一事无成——失败表明你得到了经验。

失败并不意味着你是一个不知灵活性的人——失败表明你有非常坚定的信念。

失败并不意味着你要一直受到压抑——失败表明你愿意尝试。

失败并不意味着你不可能成功——失败表明你也许要改变一下方法。

失败并不意味着你比别人差——失败只表明你还有缺点。

失败并不意味着你浪费了时间和生命——失败表明你有理由重新开始。

失败并不意味着你必须放弃——失败表明你还要继续努力。

失败并不意味着你永远无法成功——失败表明你还需要一些时间。

失败并不意味着命运对你不公——失败表明命运还有更好的给予。

那么，期待成功的你，不要再被一时的失败左右了，在哪里跌倒，就从哪里爬起来吧！

酝酿效应：

灵感来自偶然，有时不期而至

为何遇到难题会"百思不得其解"

现在，你面前有4条小链子，每条链子有3个环（下图左侧所示）。打开一个环要花2分钱，封合一个环要花3分钱。开始时所有的环都是封合的。你的任务是要把这12个环全部连接成一个大链子（下图右侧所示），但花钱不能超过15分钱。请问，你该怎么办？

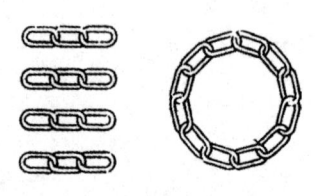

上面的"链子问题"你想到答案了吗？客观而言，虽然这看似一道有些难度的问题，但如果你找到了正确的解法，就会发现它并不复杂。先把一条小链子的3个环都打开，花4分钱；再用这3

个环把剩下的3条小链都连在一起,再花9分钱,大链子不就在限定不超过15分钱的条件下做成了吗?

事实上,这是美国的女心理学家西尔维拉在1971年设计的一个实验,专门演示酝酿效应的现象。

西尔维拉选了3组人作为被试者,每组成员的性别、年龄和智力水平等都大致相同。实验要求第一组用半个小时来思考,中间不休息;第二组先用15分钟想问题,无论解出与否都要休息半小时,打球、玩牌什么的,然后再回来思考15分钟;第三组与第二组类似,仍用前后各15分钟思考问题,只不过把中间休息的时间延长到4个小时。

结果,第一组有55%的人解决了问题,第二组有64%的人解决了问题,第三组有85%的人解决了问题。

实验结束后,西尔维拉要求被试者大声说出解决问题的过程,结果发现第二、三组被试者回头来解决项链问题时,并不是接着原来的思路去做,而是从头做起。

你一定很好奇,同样的思考时间,只是安排有些不同,竟会造成3组成绩如此大的差别。正如成功的被试者自己所言,当他们休息回来以后,并不是接着原来的思路去做,而是仍然像刚开始那样从头想起。这,才是真正的原因。

生活中,我们都会有类似的体验,遇到某个难题,冥思苦想不得其解,花了几个小时仍一无所获。不过,暂时忘掉它休息一会儿,可能就会茅塞顿开,问题迎刃而解了。

很显然,这种把难题暂时放一放穿插一些其他事情的做法,使人们不会陷入某一种固定的思维模式,而且能够采取新的步骤，从而使问题更容易被解决。心理学上把这种现象叫作"酝酿效应"。

不仅是前面那些普通的被试者，就连一些伟大的科学家，在解决问题过程中，同样会运用到"把难题放在一边，放上一段时间，才能得到满意的答案"的"酝酿效应"。阿基米德发现浮力定律就是其中一个经典的例子。

在古希腊，国王让人做了一顶纯金的王冠，但他又怀疑工匠在王冠中掺了银子。于是将阿基米德找来，要他在不损坏王冠的条件下，想法测定出王冠是否掺了假。

阿基米德为了解决这个难题冥思苦想，尝试了很多办法，但都失败了。有一天他去洗澡，当他的身体在浴盆里沉下去的时候，就有一部分水从浴盆边溢出来；而且，他觉得入水愈深，体重就愈轻。他恍然大悟，然后便进宫去面见国王。

在国王面前，阿基米德将与王冠一样重的一块金子、一块银子和王冠，分别放在水盆里，只见金块排出的水量比银块排出的水量少，而王冠排出的水量比金块排出的水量多。阿基米德对国王说："王冠里确实掺了银子！"

国王不解，阿基米德解释说："一公斤的木头和一公斤的铁相比，木头的体积大。如果分别把它们放入水中，体积大的木头排出的水量比体积小的铁排出的水量多。可以将这个道理用在金子、银子和王冠上。因为金子的密度大，银子的密度小，故同样重量的金子和银子，必然是银子体积大于金子的体积，放入水中，金块排出的水量就比银块少。刚才王冠排出的水量比金子多，说明王冠的密度比金块密度小，从而证明王冠不是用纯金制造的。"

事情往往就是这样，当我们对一个难题束手无策时，思维就进入了"酝酿阶段"。当我们抛开面前的问题去做其他的事情时，突然某一刻，百思不得的答案却出现在我们面前。正如南宋诗人陆游那句脍炙人口的诗句所言："山重水复疑无路，柳暗花明又一村。"

劳逸结合，让你的灵感迸发

心理学家认为，人们在酝酿过程中，存在潜意识层面推理，储存在记忆里的相关信息是在潜意识里组合，而在穿插其他事情的时候突然找到答案，是因为个体消除了前期的心理紧张，忘记了个体前面不正确的、导致僵局的思路，从而具有了创造性的思维状态。

那么，遇到难题的时候，我们应学会劳逸结合，先把它放在一边，小憩一会儿或去喝杯茶，时隔几小时、几天，甚至更长时间之后再来解决它，往往能收到"踏破铁鞋无觅处，得来全不费工夫"的效果。

在化学界里，苯在1825年就被发现了，可是之后的几十年间，人们一直没有弄清它的结构。尽管很多证据都表明苯分子由6个碳原子和6个氢原子构成，结构是对称的，但大家怎么也想不出这些原子是如何排列、形成整个稳定的分子的。德国化学家凯库勒长期研究这一问题，但同样找不到答案。

1864年冬天的某个晚上，凯库勒在火炉边看书时，不知不觉进入半睡眠状态。他梦见一条蛇咬住了自己的尾巴，形成了旋转的环状。

他如同受了电击一样，突然惊醒。那晚他为这个假设的结果工作了整夜，这个环形结构被证实是苯的分子结构。

这是化学史上最著名的一个梦，苯分子结构秘密也由此解开。

凯库勒在这个研究的过程中所运用的，正是我们所讲的酝酿效应。他自己也曾说过："当事情进行得不顺利时，我的心就想着别的事了。"没错，被难题卡住、怎么都想不通的时候，我们就应该想想别的事情，让大脑劳逸结合。

从心理学角度讲，人的这种酝酿来自想象，是人脑对于对象中隐含的整体性、次序性、和谐性的某种迅速而直接的洞察和领悟。长期不间歇地思考一个问题，会造成精神紧张，于是一时间什么都想不出来。然而，我们头脑中收集到的资料不会消极地储存在那里，一旦让大脑合理地休息，它就能按照一种我们所不知道的或很少意识到的方式加工和重组原来存储的那些资料，进而产生新的想法。也就是说，直觉可以引导我们绕过不可逾越的高山，曲径通幽，达到柳暗花明的境界。

所以，我们一定要明白，当对一个问题进行研究，在收集了充分的资料并且经过深入探索仍难以找到答案时，不应一条道跑到黑，而应做到劳逸结合，把对该问题的思考抛开，转而想别的事情，这样才会给新想法和好想法自然酝酿、成熟并迸发出来的机会。

基利定理：
失败是成功之母

坦然面对失败就是成功

失败是我们一生中经历最多的课题，是怎么逃也逃不过的仇敌。但如果你坦然地面对了这个课题，你会发现这不是个无解的方程式；如果你直面了这个仇敌，你会发现它可以让你学到很多东西。失败，就像黎明前的黑暗，与成功只差那一瞬间，只要你挺过去了，那么你就能够看到属于你的光辉黎明。

奥城良治，一个连续16年荣获日本汽车销售冠军的伟大推销员，他之所以能取得如此骄人的成绩，只源于小时候的一次偶遇。在奥城良治还是个小孩的时候，有一次他在田埂间看到一只瞪眼的青蛙，就调皮地向青蛙的眼睑撒了一泡尿。之后，却发现青蛙的眼睑非但没有闭起来，而是一直张着瞪着他。他很惊讶，这奇特的一幕给他留下了深刻的印象。但没想到，这一幕竟成了他成功的秘诀。若干年后，他做了一名推销员。每当遭到客户拒绝时，他就会想起童年时那只被尿浇也不闭眼的青蛙。于是，他就像那只青蛙一样，面对客户的拒绝，总是从容处之，张眼面对客户，从不惊慌失措。

客户的拒绝，对于推销员来说，就是最大的失败。而奥城良治从不逃避，而是坦然面对，这是他从青蛙那儿学来的，我们也应该从他那里学来。

男子100米和200米两项世界纪录的保持者尤塞因·博尔特，在国际田联钻石联赛斯德哥尔摩站的100米比赛中却败给了盖伊。这是他两个赛季以来的首次败绩，但博尔特认为，这次失败并没有给他造成什么震动。他谈道："我（对比赛失利）并不惊奇，这只是一场失败而已。我早说过，如果有谁想战胜我，最好就是赶在今年。"这种坦然面对失败的态度，让人相信尤塞因·博尔特在以后的比赛中，还会再创佳绩。因为，这种坦然面对，就是下一次成功的征兆。

一个人是否活得丰富不能看他的年龄，而是要看他生命的过程是否多彩，还要看他在体验生命的过程中是否能把握住机会。人生的机会通常是有伪装的，它们穿着可怕的外衣来到你的身边，大多数人会避之不及，但那些具有独特素质的人却能看到其本质并抓住它们。这些素质中最重要的就是承受失败的勇气。

在你成长的过程中，会遭遇很多的失败，但最好的机会也往往就藏在这些失败背后。懂得坦然面对挫折和失败，并把它变成你的一种常态，这样你就离成功不远了，或者说这本身就是一种心理的成功。一个人可以从生命的磨难和失败中成长，正像腐朽的土壤可以生长鲜活的植物一样。土壤也许腐朽，但它可以为植物提供营养。失败固然可惜,但它可以磨炼我们的心智和勇气,进而创造更多的机会。只有当我们能够以平和的心态面对失败和考验时,我们才能收获成功。而那些失败和挫折,都将成为生命中的无价之宝,值得我们在记忆深处永远收藏。

经过失败才能走向成功

当今最具影响力的激励演讲家安东尼·罗宾曾说过:"成功很难,但不成功更难,因为你要承受一辈子的失败。""这世界没有失败,只有暂时停止成功,因为过去并不等于未来。"所以,失败只是暂时的,只是走向成功的一条必经之路,或者说是成功之路上的一段过程。走过它,你就会拥有成功。

人生经常会遇到失败,所以每当你干一件事的时候,失败可能随时伴随着你。如果你害怕失败,那么你就将一事无成。每一个做父母的都知道,孩子不摔几跤是学不会走和跑的。所有人都是这样摔着长大的,你也不例外。人生就逃不开失败,只有在失败中,你才能真正学到本领。想长大成人,想实现梦想,那么就必须记住"失败是成功之母"!

看下面一则故事:

有一个人在走路的时候,因为路不平而摔了一跤,他爬了起来。可是没走几步,一不小心又摔了一跤,于是他便趴在地上不再起来了。有人问他:"你怎么不爬起来继续走呢?"那人说:"既然爬起来还会跌倒,我干吗还要起来,不如就这样趴着,就不会再被摔了。"这样的人,摔两次就怕得不敢再起来继续往前走了,那么他肯定永远也无法到达他的目的地了。

如果我们都像这个趴在地上不起来的人一样，在一两次失败后就选择放弃，那么我们也就永远不会得到成功的眷顾。对于"成功"和"失败"，我们应该客观看待。它们不是一对不可调和的矛盾体，而是可以互相依存的，我们只有经历过"失败"才能体会到"成功"的珍贵，也只有在"成功"后才会知道"失败"的意义。"成功"的背后是用"失败"砌成的台阶，如果没有这一层一层的台阶，我们可能永远待在原地，无法迈出任何一步。"成功"是"失败"永远的灯塔，只有在历经艰难困苦后，才能找到正确的方向去接近灯塔，获得光明。正如歌里所唱的那样："不经历风雨，怎么见彩虹，没有人能随随便便成功。"失败过后，只要我们永不放弃，最终会见到美丽的彩虹。失败不要紧，重要的是不要失去信心，这一次失败，可以换来下一次的成功。

应该说，失败不可怕，它是通向成功的桥梁；失败不可悲，它意味着你又有了重新开始的理由。因此，当一切可能的失败都尝试过之后，拥抱你的一定是成功。成功者之所以成功，只不过是他不被失败左右而已。不允许失败，无异于拒绝成功。

第二章 职场行为学准则

蘑菇定律：
新人，想成蝶先破茧

职场起步，切勿过早锋芒毕露

众所周知，蘑菇长在阴暗的角落，得不到阳光，也没有肥料，自生自灭，只有长到足够高的时候才开始被人关注。

这种经历，对于成长中的职场年轻人来说，就像蛹，是化蝶前必须经历的一步。只有承受这些磨难，才能成为展翅的蝴蝶。初涉职场的新人，不仅要承受住"蘑菇"阶段的历练，还要注意不能过早地锋芒毕露。

有一位图书情报专业毕业的硕士研究生被分到上海的一家研究所，从事标准化文献的分类编目工作。

他认为自己是学这个专业的，比其他人懂得多，而且刚上班时领导也以"请提意见"的态度对他。于是工作伊始，他便提出了不少意见，上至单位领导的工作作风与方法，下至单位的工作程序、机制与发展规划,都一一列举了现存的问题与弊端,提出了周详的改进意见。对此领导表面点头称是,其他人也不反驳,可结果呢,不但现状没有一点儿改变,他反倒成了一个处处惹人嫌的主儿,还被单位掌握实权的某个领导视为狂妄、骄傲之人,一年多竟没有安排他做什么具体活儿。

后来,一位同情他的老太太悄悄对他说:"小王啊,你还是换个单位吧,在这儿你把所有的人都得罪了,别想有出息。"

于是,这位研究生闭上了嘴。一段时间后,他发觉所有的人都在有意无意地为难他,连正常的工作都没有人支持他,他只好"炒领导的鱿鱼",离开了。

临走时,领导拍着他的肩头说:"太可惜了!我真不想让你走,我还准备培养你当我的接班人哩!"

那位研究生一边玩味着"太可惜"三个字,一边苦笑着离去。

在现实社会中,与这位研究生一样的年轻人并不少见。他们处世往往不留余地,锋芒毕露,有十分的才能与聪慧,就要表露出十二分。殊不知,职场有职场的游戏规则,你如果想在职场有所作为,就要先适应这里的游戏规则,实力壮大、羽翼丰满之后,再通过你的能力来制定新的游戏规则,否则,你一定会碰得头破血流,留下"壮志未酬身先死"的怨叹。

小说《一地鸡毛》中描写到,主人公小林夫妇都是大学生,很有事业心,努力、奋发,有远大的理想。二人志向高得连单位的处长、局长,社会上的大小机关都不放在眼里,刚刚工作就锋芒毕露。于是,两人初到单位,各方面关系都没处理好,而且因为一开始就留下了"伤疤",后来的日子也经常是磕磕碰碰。说到底,夫妇俩都败给了自己的职场第一步。

中国有一个成语叫"大智若愚",行走职场,必要的时候,你一定要学会做一个"愚人"来保全自己,这往往能让你以不变应万变。

做"蘑菇"该做的事,以智慧突破"蘑菇"境遇

曾有人说过这样一番话:"一个人既然已经经历'蘑菇'的痛苦,哭也好,骂也好,对克服困难毫无帮助,只能是挺住,你没有资格去悲观。因为,此时假如你自己不帮助自己,还有谁能帮助你呢?"

这句话说明了一个很重要的道理:正因身处"蘑菇"境遇,你得比别人更加积极。谁都知道,想做一个好"蘑菇"很难,但那又能怎样呢?如果一味地强调自己是"灵芝",起不了多大作用,结果往往是"灵芝"未当成,连"蘑菇"也没资格做了。

所以,你想要突破"蘑菇"的境遇,使自己从"蘑菇堆"里脱颖而出,在最开始就要做好"蘑菇"该做的事,用智慧去突破"蘑菇"境遇。

你要学会从工作中获得乐趣,而不仅仅是按照命令被动地工作。确立自己的人生观,根据你自己的做事原则,恰如其分地把精力投入工作中。要想让企业成为一个对你来说有乐趣的地方,只有靠你自己努力去创造、去体验。

身为新人,工作中你要注意礼貌问题。也许你觉得这样是在走形式,但正因为它已经形式化了,所以你更需要做到,从而建立良好的人际关系。记得有这样一句话:礼貌这东西就像旅途使用的充气垫子,虽然里面什么也没有,却令人感觉舒适。记住有礼貌不一定是智慧的标志,可是不礼貌会被人认为愚蠢。

常言道："少说话，多做事。"这对新人更是适用。每一个刚开始工作的年轻人都要从最简单的工作做起。如果你在开始的工作中就满腹牢骚，那么你对待工作就会草率行事，从而有可能导致错误的发生；或者本可以做得更好，却没有做到，这会使你在以后的职务分配中很难得到你本可以争取到的工作。

　　还有，毕业后一旦走向社会，会发现梦想与现实总是存在很大的差距。当你到了一个并不满意的公司，或者在某个不理想的岗位，做着也许很没劲甚至很无聊的工作时，肯定会产生前途茫然的感觉，如果收入又不理想，你肯定会郁闷万分，此时实际上就是蘑菇定律在考验你的适应能力。达尔文的话是最好的忠告，要想改变环境，必须先适应环境，别等环境来适应你。

　　时刻记住，人可以通过工作来学习，可以通过工作来获取经验、知识和信心。你对工作投入的热情越多，决心越大，工作效率就越高。当你抱有这样的热情时，上班就不再是一件苦差事，工作就会变成一种乐趣，就会有许多人聘请你做你喜欢做的事。

　　正如罗斯·金所言："只有通过工作，你才能保证精神的健康，在工作中进行思考，工作才是件愉快的事情。两者密不可分。"处于"蘑菇"阶段的年轻人，快沉下心来，以你的智慧与能力在职场破茧成蝶吧！

自信心定律：
出色工作，先点亮心中的自信明灯

丢掉第六份工作引发的职场思考

"难道我真的一无是处，是个没用的人？"刚刚失去第六份工作的李磊（化名）想起3年来工作中的点点滴滴，对自己彻底失去了信心。

他说，前几天刚被老板辞退，这已经是他毕业3年来的第六份工作了。他自己觉得，不自信是丢掉工作的主要原因。原来，1周前李磊到一家牙科诊所应聘，老板问他是什么学历，因为害怕老板嫌弃自己的学历低，李磊便谎称自己是本科学历，而实际上他是大专学历。本以为老板只是问问学历，没想到上班之后，老板天天要他拿出学历证书。再也瞒不过去的李磊只得向老板吐露了实情，结果第二天老板就以"为人不诚实"为由将他辞退了。

"一家私人诊所可能也不会太在乎学历，我毕业3年了，有实践经验，这对老板来说可能比学历更为重要。"李磊很后悔当初不自信，没有对老板说实话。

李磊的经历给我们带来了深刻的思考，职场上，自信心对于一个人很重要。要想老板看重你，首先要自己看重自己。

客观上来说，一个人有没有自信，来源于对自己能力的认识。充满自信就意味着对自己信任、欣赏和尊重，意味着对工作胸有成竹、很有把握。

未来学家弗里德曼在《世界是平的》一书中预言"21世纪的核心竞争力是态度"。这就是在告诉我们，积极的心态是个人决胜未来最为根本的心理资本，是纵横职场最核心的竞争力。

所谓的积极心态，自信心当然是非常重要的一部分。一个失去自信的人，就是在否定自我的价值，这时思维很容易走向极端，并把一个在别人看来不值一提的问题放大，甚至坚定地相信这就是阻碍自己进步的唯一障碍，自然很难有出类拔萃的成就了。

美国成功学院对1000名世界知名成功人士进行了研究，结果表明，积极的心态决定了成功的85%！对比一下身边的人和事，我们不难发现，很多自信的人工作起来都非常积极、有把握，并且取得了出色的工作业绩；而那些总认为"我不行""我就这水平了"的人，尽管有过多年的工作经历，但工作始终没有什么起色。

所以，在职业生涯中，必须充满自信。自信心是源自内心深处、让你不断超越自己的强大力量，它会让你产生毫无畏惧、战无不胜的感觉，这将使你工作起来更加积极。

自信飞扬，做职场冠军

在工作中，我们常会遇到这样的情况：挫折袭来，有的人始终不能产生足够的自信心,从而一蹶不振;有的人却能在焦虑和绝望后迅速产生强大的自信心,从而拼劲儿十足地实现目标。

其实,产生这种差异并不完全是由先天因素决定的,往往是因为前者平时不注重自信心的树立;后者却懂得经过长期的自我训练,增强自信心。

无论从事什么职业,自信都能给人以勇气,使你敢于战胜工作中的一切困难。工作上,谁都愿意自己出类拔萃,这就要求我们必须挑战人生,要挑战就必须以充满自信为前提,如果我们连自信心都没有,能做好什么事呢?

大家都知道毛遂自荐的故事,正因为毛遂有极强的自信心,所以才敢向平原君推荐自己,并最终出色地完成了任务。

美国思想家爱默生说:"自信是煤,成功就是熊熊燃烧的烈火。"对于成功人士来说,自信心是必不可少的。据说,今日资本集团总裁徐新当初之所以选择投资网易,正是因为网易创始人丁磊的自信。

丁磊毕业于电子科技大学,毕业后被分配到宁波市电信局。这是一份稳定的工作,但丁磊无法接受那里的工作模式和评价标准,自信的他从电信局辞职,"这是我第一次开除自己。有没有勇气迈出这一步,将是人生成败的一个分水岭"。

因为自信,丁磊在两年内3次跳槽,最终在1997年决定自立门户。后来,丁磊和徐新在广州一家狭小的办公室见面。徐新主动问他一些问题:"网易在行业内的情况怎么样?"

"我们会是第一。"丁磊毫不犹豫地这么回答。客观上讲,1999年初,网易刚向门户网站迈进,与新浪、搜狐相比,还只是一个刚刚崭露头角的小网站。

徐新当然知道当时的网易不是门户网的第一，但觉得丁磊很有上进心，而不是吹牛——是有实质的自信。他对丁磊说："我觉得企业家有这种精神是很重要的，你有这么一个理想跟雄心去做行业排头兵。我投的就是你的这个自信。"

通过丁磊的经历，我们可以肯定地说充分的自信是创立事业、成就价值的重要素质。

自信心如此重要，我们要怎样做才能树立自信心呢？

首先，在平时的工作中要不断地学习，不断地提升自己。阿基米德说过："给我一个支点和一根足够长的杠杆，我就能撬动整个地球。"有如此的自信，那是因为他深入掌握科学的原理。关羽之所以敢独自一人去东吴赴会，是因为他深知自己的本领……正所谓"有了金刚钻，才敢揽瓷器活"。

其次，要有一定的耐心和毅力。有些事情不是一朝一夕就能做好的，需要我们持之以恒地努力。要用长远的目光看待目前遇到的困境，相信我们有能力去解决它，相信自己，最后的成功必定是我们的。

最后，不要总想着自己的缺点，要时刻告诉自己"我是最棒的""我是优秀的"。每个人都有缺点，完美无缺的人是不存在的，对自身的缺点不要念念不忘。要知道，别人往往并不那么在意你的缺点。要相信自己，相信自己是最棒的、最优秀的。

青蛙法则：
居安思危，让你的职场永远精彩

生于忧患，死于安乐

19世纪末，美国康奈尔大学进行了一个有趣的实验。他们将一只青蛙扔进一个沸腾的大锅里，青蛙一接触到沸水，便立即触电般地跳到锅外，死里逃生。实验者又把这只青蛙丢进一个装满凉水的大锅，任其自由游动，然后用小火慢慢加热。随着温度慢慢升高，青蛙并没有跳出锅去，而是被活活煮死。

前面"蛙未死于沸水而灭顶于温水"的结局，很是耐人寻味。若是锅中之蛙能时刻保持警觉，在水温刚热之时迅速跃出，也为时不晚，就不至于落得被煮死的结局。这就让我们想起了孟子曾说过的一句话："生于忧患，死于安乐。"

一个人如果丧失了忧患意识，那么，就会像被水煮的青蛙一样，在麻木中"死亡"。所以，在从初涉职场到工作干练的渐变过程中，我们要保持清醒的头脑和敏锐的感知，对新变化做出快速的反应。不要贪图享受，安于现状，否则当你意识到环境已经使自己不得不有所行动的时候，你也许会发现，自己早已错过了行动的最佳时机，等待你的只是悲哀、遗憾和无法估计的损失。

漫漫职场路，我们都希望自己能一帆风顺，不希望遇到忧患与危机。但客观上讲，忧患与危机并不是什么可怕的魔鬼，当它们出现在我们面前时，往往能激发潜伏在我们生命深处的种种能力，并促使我们以非凡的意志做成平时不能做的大事。所以，与其在平庸中浑浑噩噩地生活，不如勇敢地承受外界的压力，过一种更有创造力的生活。

拿破仑在谈到他手下的一员大将马塞纳时曾说："平时，他的真面目是不会显现出来的，可当他在战场上看到遍地的伤兵和尸体时，那种潜伏在他体内的'狮性'就会在瞬间爆发，他打起仗来就会勇敢得像恶魔一样。"

再如拿破仑本人，如果年轻时没有经历过窘迫而绝望的生活，也就不可能造就他多谋刚毅的性格，他也就不会成为至今为人们所景仰的英雄人物。贫穷低微的出身、艰难困顿的生活、失望悲惨的境遇，不仅造就了拿破仑，还造就了历史上的许多伟人。例如，林肯若出生在一个富人家的庄园里，顺理成章地接受了大学教育，他也许永远不会成为美国总统，也永远不会成为历史上的伟人。正是有了那种与困境做斗争的经历，使他们的潜能得以完全爆发，从而发现自己的真正力量。而那些生活在安逸舒适中的人，他们往往不需要付出太多努力，也不需要个人奋斗就能达到目的，所以，潜伏在他们身上的能量就会被"湮没"。

当今世界上，有许多人都把自己的成功归功于某种障碍或缺陷带来的困境。如果没有障碍或缺陷的刺激，也许他们只能挖掘出自己20%的才能，正因为有了这种强烈的刺激，他们另外80%的才能才得以发挥。

所以，身处今天快节奏、不断变幻的职场，我们要懂得居安思危。要知道，危机并不代表灭亡，而恰恰可能是一种契机。我们经由这些危机，往往会发现自己真正的价值所在，激发出深藏于心的巨大力量，从而使人生更加精彩。

在自危意识中前进

我们都知道，未来是不可预测的，人也不可能天天走好运。正因为这样，我们更要有危机意识，在心理上及实际行为上有所准备，以应付突如其来的变化。有了这种意识，或许不能让问题消弭，却可把损害降低，为自己打开生路。

常言道，一个国家如果没有危机意识，迟早会出问题；一个企业如果没有危机意识，迟早会垮掉；一个人如果没有危机意识，也肯定无法取得新的进步。

那么，我们具体该如何在竞争激烈的职场中提升自己的危机意识呢？下面，来看看闻名于世的波音公司的一个有趣做法。

波音公司以飞机制造闻名于世。为了提升员工的忧患意识，一次，公司别出心裁地摄制了一部模拟倒闭的电视片让员工观看。

在一个天空灰暗的日子，公司高高挂着"厂房出售"的招牌，扩音器传来"今天是波音公司时代的终结，波音公司关闭了最后一个车间"的通知，全体员工一个个垂头丧气地离开工厂……

这个电视片使员工受到了巨大震撼，强烈的危机感使员工们意识到只有全身心投入生产和革新中，公司才能生存，否则，今天的模拟倒闭将成为明天无法避免的事实。

看完模拟电视片，员工们都以主人翁的姿态，努力工作，不断创新，使波音公司始终保持着强大的发展后劲。

事实上，波音公司的这种做法不仅对企业有深刻启示，对于行走职场的个人来说，同样具有一定的借鉴作用。

在工作中，我们也应该像波音公司的员工那样，时刻提醒自己只有全身心投入生产和革新中，公司才能生存，我们才有机会发展，否则，终将难逃被淘汰的事实。

当今社会的快节奏和激烈的竞争，令很多人在35岁时遇到这样一个困惑：为什么多年来我一事无成？接下来的岁月我应该做些什么？在机会面前，许多人不敢贸然决定。因为他们从心理上理解了人生的有限，而自己也开始重新衡量事业和家庭生活的价值，于是产生了职业生涯危机。这就是著名的"35岁危机论"。

罗伯特先生35岁，自言感觉过去对工作、对自己的认识似乎有错误，而自己长期养成的行为习惯好像变成了事业的绊脚石。想改变自己，又不忍心否定过去；想改变生活方式，又担心选择的并不是最适合自己的。两年前，他终于下定决心放弃了某公司副经理的职位，参加MBA考试并重回校园深造。

现在，完成学业的罗伯特先生在找工作时却犯了难。罗伯特先生业已投出上百份简历，但有回音者寥寥无几。罗伯特先生说，自己并不要求高起点的薪金，而只要求一个管理类的工作职位。然而他发现，"社会上已经人满为患"。

罗伯特先生曾读过一篇题目为《35岁，你还会换工作吗》的文章，文中专家说："社会对35岁以上的求职者提出了较高的要求，必须通过不断学习和更新知识，提高自身竞争力。"对此罗伯特先生很纳闷，我正是为了完善自己才去学习的，为什么反而让社会把自己挤了出去呢？

像罗伯特先生这种工作以后又重返课堂充电，充电后再找工作重新迎接社会的挑战，已不仅仅是35岁的人才会面临的境况。有人甚至感叹："不充电是等死，怎么充了电变成找死啦？"

最关键的一点是我们要明白，人生的经历是积累的，不要以为学习充电后就无须面临社会"物竞天择，适者生存"的自然选择。以前的经历是你的宝贵财富，但这并不能让你在职场上永操胜券。千万不要有一劳永逸的期待，要时刻保持危机意识，告诉自己"一定要快跑，不够优秀在什么时候都会被淘汰"。

鲁尼恩定律：
戒骄戒躁，做笑到最后的大赢家

气怕盛，心怕满，工作中要戒骄戒躁

有一天，孔子带着自己的学生去参观鲁桓公的宗庙。在宗庙里，他看到了一个形体倾斜、可用来装水的器皿。就向守庙的人询问："请告诉我，这是什么器皿？"守庙的人告诉他："这是欹器，是放在座位右边，用来警诫自己，如'座右铭'一般用来伴坐的器皿。"孔子一听，接着说："我听说这种器皿，在没有装水或装水少时就会歪倒；水装得适中，不多不少的时候就会是端正的；而水装得过多或装满了，它也会翻倒。"说完，扭头让学生们往里面倒水试试。学生们听后舀水来试，果然如孔子所说的。水装得适中时，它就是端正的；水装得过多或装满了，它就会翻倒；而等水流尽了，里面空了，它就倾斜了。这时候，孔子长长地叹了口气说道："唉！世界上哪里会有太满而不倾覆翻倒的事物啊！"

我们的心也像这欹器，自我评价太低就会抬不起头做人，自我评价适中就会积极面对人生，自我评价过高就会四处碰壁。水满则溢，月满则亏。做人要有长远眼光，不能被一点小小的成就绊住了前进的脚步，而导致最后的失败。

张军和李静是大学同班同学，两个人一起应聘到一家公司工作。论实力，李静根本不是张军的对手。张军在计算机方面有超强的天赋，而李静恰巧又长了个"不开窍"的脑瓜，所以他们俩之间的差距就更大了。可是进公司半年后，李静却意外地比张军先升了职。

其实，这也不奇怪，正如"龟兔赛跑"一样，实力强的不一定最后就会赢。张军自恃能力很高，觉得在这样的公司根本不需要再学习和进修，他的聪明才智完全可以应付一切工作。不仅如此，他对待工作也是马马虎虎，觉得交给自己的工作有辱自己的智商。而李静则知道自己实力不行，所以工作后依然不断地继续学习深造，对于上级交下来的每一项任务都认真对待，还乐于向身边的人请教。所以，出现李静先升职的现象是必然的。如果张军再不反省，还是那样的工作态度，那么最后可能会遭遇辞退的命运。哪个公司都不需要这种眼高手低、骄傲自大的员工。

气怕盛，心怕满。这是因为气盛就会凌人，心满就会不求上进。真正成功的人都极力做到虚怀若谷，谦恭自守。一个人成功的时候，还能保持清醒的头脑，不趾高气扬，那么他往往会取得更大的成功。

当迪普把议长之职让出来，以拥护林肯政府的时候，在一般人看来，由于他对党的贡献，不知该受到多么热烈的欢呼、称赞才好。他说:"傍晚我当选为纽约州州长,一小时之后又被推选为上议院议员。不到第二天早晨,好像美国大总统的位置,便等不及让我到年纪就落到我头上了。"他用这种调侃,善意地批评了别人对他的夸大赞扬。虽然迪普那时很年轻,但是头脑却很清醒,并不因为别人对他的那种夸张的称赞而自高自大。即使在那时,他还是能保持他那种真正的伟大的特性——不因为别人的称赞而趾高气扬。

你能够承受得住突然的飞黄腾达么?要衡量一个人是否真正能有所成就,就要看他能否有这种承受能力。福特说:"那些自以为做了很多事的人,便不会再有什么奋斗的决心。有许多人之所以失败,不是因为他的能力不够,而是因为他觉得自己已经非常成功了。"他们努力过,奋斗过,战胜过不知多少的艰难困苦、凭着自己的意志和努力,使许多看起来不可能的事情都成了现实。然而他们取得了一点小小的成功,便经受不住考验了。他们懒惰起来,放松了对自己的要求,慢慢地下滑,最后跌倒了。在历史上,被荣誉和奖赏冲昏了头脑,而从此懈怠懒散下去,终至一无所成的人,真不知有多少……

如果你的计划很远大,很难一下子完成。那么,在别人称赞你的时候,你就把现在的成功与你那远大的计划比较一下,相比将来的宏伟蓝图,你现在的成功还只是万里长征的第一步,根本不值得去夸耀。这样一想,你就不会对眼前的一点小成就沾沾自喜了。所以,在可能实现的前提下,你的计划要大得连群众都来不及称赞。你的计划是如此之大,以致在刚刚开始的时候,一般人对于你的称赞,都表明他们还没有窥见你的宏伟计划。

洛克菲勒在谈到他早年从事煤油业时,曾这样说道:"在我的事业渐渐有些起色的时候,我每晚把头放在枕上睡觉时,总是这样对自己说：'现在你有了一点点成就，你一定不要因此自高自大，否则，你就会站不住，就会跌倒的。因为你有了一点开始，便俨然以为是一个大商人了。你要当心，要坚持前进，否则你便会神志不清了。'我觉得我对自己进行这样亲切的谈话，对于我的一生都有很大的影响。我恐怕我受不住成功的冲击，便训练我自己不要为一些蠢思想所蛊惑，觉得自己有多么了不起。"

我们开始成功的时候，能够在成功面前保持平常心态，能够不因此而自大起来，这实在是我们的幸运。对于每次的成功，我们只能视其为一种新努力的开始。我们要在将来的光荣上生活，而不要在过去的冠冕上生活，否则终有一天会付出代价的。

执行到位，笑在最后

现代职场中，有很多企业的员工凡事得过且过，做事不到位，在他们的工作中经常会出现这样的现象：

——5%的人不是在工作，而是在制造矛盾，无事必生非=破坏性地做；

——10%的人正在等待着什么=不想做；

——20%的人正在为增加库存而工作="蛮做""盲做""胡做"；

——10%的人没有为公司做出贡献=在做，但是负效劳动；

——40%的人正在按照低效的标准或方法工作=想做，而不会正确有效地做；

——只有15%的人属于正常范围，但绩效仍然不高=做不好，做事不到位；

……

大多数人正在按照低效的标准或方法工作，缺乏灵动的思维和智慧，永远忙乱，却永远到最后才完成任务。

越来越多的员工只管上班，不问贡献；只管接受指令，却不顾结果。他们沉不住气，得过且过，应付了事，将把事情做得"差不多"作为自己的最高准则；他们能拖就拖，无法在规定的时间内完成任务；他们马马虎虎、粗心大意、敷衍塞责……这些统统都是做事不到位的具体表现。

沉不住气，做事不到位，就会造成成本的增加，成本的增加意味着利润的降低。做事不到位的危害不仅仅在于此，在市场竞争空前激烈的今天，执行一旦不到位，就会让对手赢得先机，使自己处于被动的地位。

2002年，华为接受俄罗斯一家运营商的邀请，派遣几名技术员到莫斯科，要他们在短短的两个月内，在莫斯科开通华为第一个3G海外试验局。

但是受邀请的不只华为一家，第一个被邀请的是一家比华为实力更强的公司，也就是说，华为的员工是受邀前去调试的第二批技术人员。于是，他们就和第一批技术人员形成了一种"一对一"的竞争关系。

由于对手实力很强，一开始莫斯科运营商对华为的技术人员并不是很重视，不仅没有为他们提供核心网机房，甚至不同意他们使用运营商内部的传输网。缺乏这些必要的基础设施，华为的技术员开展工作时受到了很大的阻碍。因此，华为的员工压力很大，他们一直在思考怎样才能做得更好，以赢得运营商的信任。但眼看到了业务演示的环节，华为的技术员以为已经没有希望了。

不料，恰好这时候，对方的技术人员在业务演示中出现了一些小漏洞，引起了运营商的不满。为了弥补这些小漏洞，运营商决定将华为的设备作为后备。

于是，华为的几位员工紧紧抓住这个机会，夜以继日地投入工作中，最终向运营商完美地演示了他们的3G业务。

看完演示之后，运营商竖起了大拇指，立刻决定将华为的3G设备从备用升级为主用。

可见，执行到位关系到成败。执行到位，能够技压群雄；执行不到位，则可能前功尽弃、功亏一篑。

赢得成功，应当自觉戒除糊弄工作的错误态度，沉住气，为自己的工作结果树立标准，严格地落实到最后一个环节，不要认为事情快完成了就掉以轻心、马虎了事，而要确保每一环节都能严格落实到位。只有静下心来，以细致、认真的态度，戒骄戒躁，踏实做好每一项任务，我们才能保证执行的效果，才能为企业交上满意的答卷。

所以，无论你天资如何，无论你有多大的缺陷，决定你输赢的都不是这些，而是你是否能永远清醒地认识自己，是否能做到戒骄戒躁。在跑步时，跑得快的不一定赢；在打架时，实力弱的不一定输。没到最后一刻，都无法定输赢。只有笑到最后的人，才是真正的赢家。所以，不懈地努力吧！

链状效应：
想叹气时就微笑

离职场抱怨远一点

有些人心胸不够宽大，对一些事情总是放不开，喜欢怨天尤人。如果你总和这样的人在一起的话，那么久而久之，你也会变成一个爱抱怨的人。这就是链状效应。所以，如果你不想变成一个"唠叨鬼"、一个"抱怨精"的话，那么就离那些爱抱怨的人远一点。

在职场上，更是如此。如果有爱抱怨的同事，你千万要躲他远一些。因为你不能为他解决任何问题，听他抱怨除了自找麻烦外，只能让自己的心情也变得很糟。而你本人，也千万不要对你的同事抱怨，特别是工作上的事情。如果你抱怨多了，除了自失尊严外，还会让同事对你避之唯恐不及。谁也不希望别人的消极情绪影响自己的好心情，所以想抱怨的时候，就微笑；有同事向你抱怨的时候，就一笑而过。

身在职场，就应该懂得职场内部的一些规则。不要把自己糟糕的形象暴露在同事面前，这样只会让他们觉得你很无能。不要抱怨工作辛苦，不要抱怨自己多干了活，更不要抱怨老板苛刻。办公室就是用来办公的地方，不是用来让你诉苦的场所。心中的委屈，留着给密友说，或者干脆把它变成一种前进的动力，督促自己更加努力地工作。化干戈为玉帛，化戾气为祥和。你也要化抱怨为动力，微笑面对自己的工作。

娄小明是公司刚从一家大企业挖来的人才。到公司后，很受部门领导的器重。他学识渊博、才思敏捷，让同事们也很佩服。有一次，总公司有一个出国深造的机会，让有资格去的人每人写份申请并附带一份深造计划交到总部。娄小明的部门只有他和张小军符合条件，于是他俩就提交了申请和计划。可是每个部门只有一个出国深造的名额，两个人的实力都很强，资格也都够，领导就开会讨论让谁去比较合适。最后，讨论的结果是让张小军去。这让娄小明很不甘心，自己一点也不比张小军差，如果有差别的话，就是张小军是老总的亲戚，而自己不是。于是，他一有机会就向同事抱怨这件事，抱怨公司的领导如何的不公正，自己的遭遇如何的令人气愤等等。他每次抱怨完都觉得心情很舒畅，而且认为同事们会和自己站在同一条战线上，替自己打抱不平。结果却不像他想的那样。张小军比他来公司的时间长，也很平易近人，与其他同事的关系都搞得不错。娄小明越是抱怨，同事们就越觉得张小军比娄小明的气量大，比他能担当。娄小明的抱怨直接地损害了自己的形象，却间接地提升了张小军的人气。而且知道张小军是老总的亲戚后，同事们更是对张小军敬畏三分，不敢轻易得罪。于是，同事们对待娄小明的态度越来越冷淡，再没人觉得他是什么人才。娄小明自己也发现了这一变化,细想后才发现,这都是自己爱抱怨惹的祸,把自己原来的光环和神秘全都打破了,还给同事留下一个心胸狭窄的印象,而自己不能出国的事实一点也没有改变。

怨天尤人,一点益处也没有。对你的工作不会有任何帮助,还会让别人看低你。所以,潜伏办公室,就要把自己消极的情绪锁起来,永远呈现出积极阳光、精明能干的一面,这才会赢得别人的尊重,领导的器重,工作的顺利。

耐心听你的抱怨,只是公司的假象

无论是老板还是同事,与你合作是希望你来解决问题,而不是听你抱怨。做好工作是你的本职,抱怨只能让人讨厌。如果你不能认识到这一点,你就离"死期"不远了。

"烦死了,烦死了!"一大早就听到王宁不停地抱怨,一位同事皱皱眉头,不高兴地嘀咕着:"本来心情好好的,被你一吵也烦了。"王宁现在是公司的行政助理,事务繁杂,是有些烦,可谁叫她是公司的管家呢,事无巨细,不找她找谁?

其实,王宁性格开朗外向,工作起来认真负责。虽说牢骚满腹,该做的事情,一点也不曾怠慢。设备维护,办公用品购买,交通讯费,买机票,订客房……王宁整天忙得晕头转向,恨不得长出8只手来。再加上为人热情,中午懒得下楼吃饭的人还请她帮忙叫外卖。

刚交完电话费,财务部的小李来领胶水,王宁不高兴地说:

"昨天不是刚来过吗？怎么就你事情多，今儿这个、明儿那个的？"抽屉开得噼里啪啦，翻出一个胶棒，往桌子上一扔，"以后东西一起领！"小李有些尴尬，又不好说什么，忙赔笑脸说："你看你，每次找人家报销都叫'亲爱的'，一有点事求你，脸马上就长了。"

态度虽然不好，可整个公司的正常运转真是离不开王宁。虽然有时候被她抢白得下不来台，也没有人说什么。怎么说呢？她应该做的不都尽心尽力做好了吗？可是，那些"讨厌""烦死了""不是说过了吗"……实在是让人不舒服。特别是同办公室的人，王宁一叫，他们头都大了。"拜托，你不知道什么叫情绪污染吗？"这是大家的一致反应。

年末的时候公司民意选举先进工作者，大家虽然都觉得这种活动老套可笑，暗地里却都希望自己能榜上有名。奖金倒是小事，谁不希望自己的工作得到肯定呢？领导们认为先进非王宁莫属，可一看投票，50多份选票，王宁只得12张。

有人私下说："王宁是不错，就是嘴巴太厉害了。"

王宁很委屈："我累死累活的，却没有人体谅……"

抱怨的人不见得不善良，但常常不受欢迎。抱怨就像用烟头烫破一个气球一样，让别人和自己泄气。谁都恐惧牢骚满腹的人，怕自己也受到传染。抱怨除了让你丧失勇气和朋友，对解决问题毫无帮助。其实，抱怨别人不如反思自己。

小王刚出来打工时，和公司其他的业务员一样，拿很低很低的底薪和很不稳定的提成，每天的工作都非常辛苦。当他拿着第一个月的工资回到家，向父亲抱怨说："公司老板太抠门了，给我们这么低的薪水。"慈祥的父亲并没有问具体薪水，而是问："这个月你为公司创造了多少财富？你拿到的与你给公司创造的是不是相称呢？"

从此，他再也没有抱怨过，既不抱怨别人，也不抱怨自己。更多的时候只是感觉自己这个月做的成绩太少，对不起公司给的工资，进而更加勤奋地工作。两年后，他被提升为公司主管业务的副总经理，工资待遇提高了很多，他时常考虑的仍然是"今年我为公司创造了多少"。

有一天，他手下的几个业务员向他抱怨："这个月在外面风吹日晒，吃不好，睡不好，辛辛苦苦，大老板才给我们1500元！你能不能跟大老板建议给增加一些。"他问业务员："我知道你们吃了不少苦，应该得到回报，可你们想过没有，你们这个月每人给公司只赚回了2000元，公司给了你们1500元，公司得到的并不比你们多。"

业务员都不再说话。以后的几个月，他手下的业务员成了全公司业绩最优秀的业务员，他也被老总提拔为常务副总经理，这时他才27岁。去人才市场招聘时，凡是抱怨以前的老板没有水平、给的待遇太低的人他一律不要。他说，持这种心态的人，不懂得反思自己，只会抱怨别人。

没有任何一家公司希望招进爱抱怨的员工，也没有任何一个人愿意同爱抱怨的人打交道。抱怨只能使人讨厌。即便别人看上去无动于衷，其实内心深处早已将抱怨的人列为不受欢迎的对象。作为职场人士，要想避免成为爱抱怨的人，就必须清醒地认识到下面这些现实：

（1）抱怨解决不了任何问题。分内的事情你可以逃过不做么？既然不管心情如何，工作迟早还是要做，那何苦叫别人心生芥蒂呢？太不聪明了。有发牢骚的工夫，还不如动脑筋想想事情为什么会这样？我所面对的可恶现实与我所预期的愉快工作有多大的差距？怎样才能如愿以偿？

（2）发牢骚的人没人缘。没有人喜欢和一个絮絮叨叨、满腹牢骚的人在一起相处。再说，太多的牢骚只能证明你缺乏能力，无法解决问题，才会将一切不顺利归于种种客观因素。若是你的上司见你整天发牢骚，他恐怕会认为你做事太被动，不足以托付重任。

（3）冷语伤人。同事只是你的工作伙伴，而不是你的兄弟姐妹，就算你句句有理，谁愿意洗耳恭听你的指责？每个人都有貌似坚强实则脆弱的自尊心，凭什么对你的冷言冷语一再宽容？很多人会介意你的态度，"你以为你是谁？"何况很多人不会把你的好放在心上，一件事造成的摩擦就可能使你一无是处。小心翼翼都来不及，何况是恶语相加？

（4）重要的是行动。把所有不满意的事情罗列一下，看看是制度不够完善，还是管理存在漏洞。公司在运转过程中，不可能百分之百地没有问题。那么，快找出来，解决它。如果是职权范围之外的，最好与其他部门协调，或是上报公司领导。请相信，只要你有诚意，没有解决不了的问题。当然，如果你尽力了，还是无法力挽狂澜，那么也尽快停止抱怨吧，不妨换个工作。

第三章 人际关系学定律

首因效应：

先入为主的第一印象

从破格录用想到的

《三国演义》中，凤雏庞统起初准备效力东吴，于是去面见孙权。孙权见庞统相貌丑陋、傲慢不羁，无论鲁肃怎样苦言相劝，最后，还是将这位与诸葛亮比肩齐名的奇才拒于门外。为什么会这样呢？是庞统无能，还是孙权不需要帮手呢？其实，造成这样的后果仅仅是因为庞统没能给孙权留下良好的"第一印象"。

如今，大家都认为工作不好找，尤其是刚毕业的人。其实，如果把握好求职时的第一印象，效果往往会出乎意料。

一个新闻系的毕业生正急于找工作。一天，他到某报社对总编说："你们需要一个编辑吗？"

"不需要！"

"那么记者呢？"

"不需要！"

"那么排字工人、校对呢？"

"不，我们现在什么空缺也没有了。"

"那么，你们一定需要这个。"说着他从公文包中拿出一块精致的小牌子，上面写着："额满，暂不雇用"。总编看了看牌子，微笑着点了点头，说："如果你愿意，可以到我们广告部工作。"

这个大学生通过自己制作的牌子，表现了自己的机智和乐观，给总编留下了良好的"第一印象"，引起对方极大的兴趣，从而为自己赢得了一份满意的工作。这也是为什么当我们进入一个新环境，参加面试，或与某人第一次打交道的时候，常常会听到这样的忠告："要注意你给别人的第一印象噢！"

也许你会好奇，第一印象真的有那么重要，以至于在今后很长时间内都会影响别人对你的看法吗？心理学家曾做了这样一个实验：

心理学家设计了两段文字，描写一个叫吉姆的男孩一天的活动。其中，一段将吉姆描写成一个活泼外向的人，他与朋友一起上学，与熟人聊天，与刚认识不久的女孩打招呼等；另一段则将他描写成一个内向的人。

研究者让一些人先阅读描写吉姆外向的文字，再阅读描写他内向的文字；而让另一些人先阅读描写吉姆内向的文字，后阅读描写他外向的文字，然后请所有的人都来评价吉姆的性格特征。

结果，先阅读外向文字的人中，有78%的人评价吉姆热情外向；而先阅读内向文字的人中，只有18%的人认为吉姆热情外向。

由此可见，第一印象真的很重要！事实上，人们对你形成的某种第一印象，往往日后也很难改变。而且，人们还会寻找更多的理由去支持这种印象。有的时候，尽管你的表现并不符合原先留给别人的印象，但人们在很长一段时间里仍然要坚持对你的最初评价。例如，一对结婚多年的夫妻，最清晰难忘的，是初次相逢的情景，在什么地方，什么情景，站的姿势，开口说的第一句话，甚至窘态和可笑的样子都记得清清楚楚，终生难忘。

成功打造第一印象，占据他人心中有利地形

了解了第一印象的重要性，现在我们来谈谈应该怎样给人留下良好的第一印象。

通常，第一印象包括谈吐、相貌、服饰、举止、神态，对于感知者来说这些都是新的信息，它对感官的刺激也比较强烈，有一种新鲜感。这好比在一张白纸上，第一笔抹上的色彩总是十分清晰、深刻一样。随着后来接触的增加，各种基本相同的信息的刺激，也往往盖不住初次印象的鲜明性。所以，第一印象的客观重要性是显而易见的，并在以后交往中起了"心理定式"作用。

如果你与人初次见面就不言不语、反应缓慢，给人的第一印象基本就是呆板、虚伪、不热情，对方就可能不愿意继续了解你，即使你尚有许多优点，也不会被人接受；而如果你给人留下的第一印象是风趣、直率、热情，即使你身上尚有一些缺点，对方也会用自己最初捕捉的印象帮你掩饰短处。

一般来说，想给他人留下良好的第一印象，必须要牢记以下5个方面：

1.显露自信和朝气蓬勃的精神面貌

自信是人们对自己的才干、能力、个人修养、文化水平、健康状况、相貌等的一种自我认同和自我肯定。一个人要是走路时步伐坚定，与人交谈时谈吐得体，说话时双目有神，目光正视对方，善于运用眼神交流，就会给人以自信、可靠的感觉。

2.讲信用，守时间

现代社会，人们对时间愈来愈重视，往往把不守时和不守信用联系在一起。若你第一次与人见面就迟到，可能会造成难以弥补的损失，最好避免。

3.仪表、举止得体

脱俗的仪表、高雅的举止、和蔼可亲的态度等是个人品格修养的重要部分。在一个新环境里，别人对你还不完全了解，过分随便有可能引起误解，产生不良的第一印象。当然，仪表得体并不是非要用名牌服饰包装自己，更不是过分地修饰，因为这样反而会给人一种轻浮浅薄的印象。

4.微笑待人，不卑不亢

第一次见面，热情地握手、微笑、点头问好，都是人们把友好的情意传递给对方的途径。在社会生活中，微笑已成为典型的人性特征，有助于人们之间的交往和友谊。但与别人第一次见面，笑要有度，不停地笑有失庄重；言行举止也要注意交际的场合，过度的亲昵举动，难免有轻浮油滑之嫌，尤其是对有一定社会地位的朋友，不应表露巴结讨好的意思。趋炎附势的行为不仅会引起当事人的蔑视，连在场的其他人也会瞧不起你。

5.言行举止讲究文明礼貌

语言表达要简明扼要，不乱用词语；别人讲话时，要专心地倾听，态度谦虚，不随便打断；在听的过程中，要善于通过身体语言和话语给对方以必要的反馈；不追问自己不必知道或别人不想回答的事情，以免给人留下不好的印象。

投射效应：
人心各不同，不要以己度人

为何会有"以小人之心，度君子之腹"的心结

宋代著名学者苏东坡和佛印和尚是好朋友，一天，苏东坡去拜访佛印，与佛印相对而坐，苏东坡对佛印开玩笑说："我看你是一堆狗屎。"而佛印则微笑着说："我看你是一尊金佛。"苏东坡觉得自己占了便宜，很是得意。回家以后，苏东坡得意地向妹妹提起这件事，苏小妹说："哥哥你错了。佛家说'佛心自现'，你看别人是什么，就表示你看自己是什么。"

也许你会一笑而过，但苏小妹的话确实是有道理的。

你可能要问苏小妹的话为何有道理。从心理学角度，她正好指出了人喜欢把自己的想法投射到他人身上的投射效应。俗语说的"以小人之心，度君子之腹"心结，讲的就是小人总喜欢用自己卑劣的心意去猜测品行高尚的人。

与之类似,曾有这样一个有趣的笑话:

一天晚上,在漆黑偏僻的公路上,一个年轻人的汽车抛了锚——汽车轮胎爆了。

年轻人下来翻遍了工具箱,也没有找到千斤顶。怎么办?这条路很长时间都不会有车子经过。他远远望见一座亮灯的房子,决定去那户人家借千斤顶。可是他又有许多担心,在路上,他不停地想:

"要是没有人来开门怎么办?"

"要是没有千斤顶怎么办?"

"要是那家伙有千斤顶,却不肯借给我,该怎么办?"

……

顺着这种思路想下去,他越想越生气。当走到那间房子前,敲开门,主人一出来,他冲着人家劈头就是一句:"你那千斤顶有什么稀罕的!"

主人一下子被弄得丈二和尚摸不着头脑,以为来的是个精神病人,就"砰"的一声把门关上了。

笑声中我们不难发现,这个年轻人,错就错在把自己的想法投射到了主人的身上。

在人际交往中,认识和评价别人的时候,我们常常免不了要受自身特点的影响,我们总会不由自主地以自己的想法去推测别人的想法,觉得既然我们这么想,别人肯定也这么想。例如,贪婪的人,总是认为别人也都嗜钱如命;自己经常说谎,就认为别人也总是在骗自己;自己自我感觉良好,就认为别人也都认为自己很出色……

1974年，心理学家希芬鲍尔曾做了这样一个实验：

他邀请一些大学生作为被试者，将他们分为两组。给其中一组学生放映喜剧电影，让他们心情愉快；而给另外一组学生放映恐怖电影，让他们产生害怕的情绪。然后，他又给这两组学生看相同的一组照片，让他们判断照片上人的面部表情。

结果，看了喜剧电影心情愉快的那组大学生判断照片上的人也是开心的表情，而看了恐怖电影心情紧张的那组大学生则判断照片上的人是紧张害怕的表情。

这个实验说明，被试的大部分学生将照片上人物的面部表情视为自己的情绪体验，即将自己的情绪投射到他人身上。

其实，投射效应的表现形式除了将自己的情况投射到别人身上外，还有另一种表现——感情投射。即对自己喜欢的人或事物越看越喜欢，越看优点越多；对自己不喜欢的人或事物越看越讨厌，越看缺点越多。这种情况多发生在恋爱期间，如在热恋时人们喜欢在周围人面前吹嘘自己的另一半如何完美无缺；一旦失恋，对对方的憎恨之情溢于言表，并言过其实。

所以，知道了投射效应在人际交往的过程中会造成我们对其他人的知觉失真，我们这就要在与人交往的过程中保持理性，避免受这种效应的不良影响。

辩证走出"投射效应"的误区

哲学上曾讲过，对任何事物我们都应辩证地去看。没错，投射效应也不例外。

一方面，这种效应会使我们拿自己的感受去揣度别人，缺少了人际沟通中认知的客观性，从而造成主观臆断并陷入偏见的深渊，这是我们需要克服的。

由于产生投射效应是主观意识在作祟，所以我们可以通过时刻保持理性，克服潜意识和惯性思维，让事物的发展规律还原它本来的面目，从而消除这种效应带来的不良影响。

首先，我们要客观地认清别人与自己的差异，不断完善自己，不能总是以己之心度人之腹。其次，我们要承认和尊重差异，多角度、全方位地去认识别人。最后，为了避免投射效应，我们需要学会换位思考，也就是设身处地地站在对方的立场上去看别人。与人交往时，如果我们能站在对方的立场上，为对方着想，理解对方的需要和情感，就能与他人进行很好的交流和沟通，也更容易达成谅解和共识。

另一方面，我们也不可否认，因为人性有相通之处，有时不同的人的确会产生相同的感受。那么，我们就可以利用一个人对别人的看法来推测这个人的真正意图或心理特征。正如钱钟书说"自传其实是他传，他传往往却是自传"，要了解某人，看他的自传，不如看他为别人做的传。因为作者恨不得化身千千万万来讲述不方便言及或者即便说了别人也不能相信的发生在作者身上的真实故事。

例如，你在帮公司招聘人员的时候，想了解求职者真实的应聘目的，就可以设计这样的问题：

你应聘本公司的主要原因是什么？
A. 工作轻松　B. 有住房　C. 公司理念符合个人个性　D. 有发展前途　E. 收入高

你认为跟你一起到本公司应聘的其他人前来的主要原因是什么?

A.工作轻松　B.有住房　C.公司理念符合个人个性　D.有发展前途　E.收入高

显然,第一个题目并没有多大意义,大部分求职者都会选择C或D;第二个题目,则可以考察求职者的心理投射,求职者一般会根据自己内心的真实想法来推测别人,其答案往往也就是求职者内心的想法。

那么,在干部谈话或招聘等过程中,我们就可以利用投射效应了解交际对象的态度和动机,为我们带来积极的意义。

所以,对待交际中的投射效应,我们要学会辩证地看待其影响,用理智避开它不利的一面,用智慧运用好它有利的一面。

刻板效应：
别让记忆中的刻板挡住你的人脉

偏见的认知源于记忆中的刻板

偏见源于何处呢？

一些社会心理学家认为，偏见的认知来源于刻板印象。

刻板印象指的是人们对某一类人或事物产生的比较固定、概括而笼统的看法，是我们在认识他人时经常出现的一种相当普遍的现象。

刻板印象的形成，主要是由于我们在人际交往的过程中，没有时间和精力去和某个群体中的每一成员都进行深入的交往，而只能与其中的一部分成员交往。因此，我们只能"由部分推知全部"，由我们所接触到的部分，去推知这个群体的全部。

人们一旦对某个事物形成某种印象，就很难改变。

生活中，人们都会不自觉地把人按年龄、性别、外貌、衣着、言谈、职业等外部特征归为各种类型，并认为每一类型的人有共同特点。在交往观察中，凡对象属一类，便用这一类人的共同特点去理解他们。比如，人们一般认为工人豪爽，军人雷厉风行，商人大多较为精明，知识分子是戴着眼镜、面色苍白的"白面书生"形象，农民是粗手大脚、质朴安分的形象等。诸如此类看法都是类化的看法，都是人脑中形成的刻板、固定的印象。

如何移去记忆中的刻板

刻板效应的产生，一是来自直接交往印象，二是通过别人介绍或传播媒介的宣传。刻板效应既有积极作用，也有消极作用。居住在同一个地区、从事同一种职业、属于同一个种族的人总会有一些共同的特征。刻板印象建立在对某类成员个性品质抽象概括认识的基础上，反映了这类成员的共性，有一定的合理性和可信度，所以它可以简化人们的认知过程，有助于对人们迅速做出判断，帮助人们迅速有效地适应环境。但是，刻板印象毕竟只是一种概括而笼统的看法，并不能代替活生生的个体，因而"以偏概全"的错误总是在所难免。如果不明白这一点，在与人交往时，唯刻板印象是瞻，像"削足适履"的郑人，宁可相信作为"尺寸"的刻板印象，也不相信自己的切身经验，就会出现错误，导致人际交往的失败，自然也就无助于我们获得成功。因此，刻板效应容易使人认识僵化、保守，人们一旦形成不正确的刻板效应，用这种定型观念去衡量一切，就会造成认知上的偏差，如同戴上"有色眼镜"去看人一样。

在不同人的头脑中，刻板效应的作用、特点是不相同的。文化水平高、思维方式好、有正确世界观的人，其刻板效应是不"刻板"的，是可以改变的。

刻板效应具有浅尝性，往往对个体或者某一群体的分类过于简单和机械，有的只依靠停留在表面上的认识就加以定性；刻板效应同时具有部落共性，在同一社会、同一群体中，由于同一文化、价值观念、信息来源影响，刻板印象有惊人的一致性；刻板效应还具有强烈的主观性，往往凭着偶然的经验加以评判或分类，大多是以偏概全，甚至是颠倒是非。假如最初我们认定日本人勤劳、有抱负而且聪明，美国人讲求实际、爱玩而又入乡随俗，犹太人有野心、勤奋而又精明，女人比男人更会养育子女、照料他人而且温柔顺从，戴眼镜的人都聪明，教授都有点古怪而且平日里都是一副漫不经心的样子等，当我们初次与以上人群相遇时，就会不自觉地用已有的概念去套用，而结果往往也会陷入啼笑皆非的尴尬局面。

作为教师或者学生家长或者社会其他人员，在评价学生的人格时首先要有大系统思维观，切忌单线条或者直线思维，要考虑事情原因和结果的多样性、复杂性，而不是"一个事物、一种现象、一个结果"，要建立多原因、多结果论。其次要用发展的眼光来看问题，世界是时时刻刻在发展变化中的，如果用刻舟求剑的办法处理问题，只能是落后的、要闹笑话的，最终会导致严重错误。再次要多方位、多角度观察学生，"横看成岭侧成峰，远近高低各不同"。只有观察多了，才能比较全面地认识一个人。

克服刻板效应的关键：

一是要善于用"眼见之实"去核对"偏听之辞"，有意识地重视和寻求与刻板印象不一致的信息。

二是深入到群体中去，与群体中的成员广泛接触，并重点加强与群体中典型化、代表性的成员的沟通，不断地检索验证原来刻板印象中与现实相悖的信息，最终克服刻板印象的负面影响而获得准确的认识。

因此,我们要纠正刻板效应的消极作用,努力学习新知识,不断扩大视野,开拓思路,更新观念,养成良好的思维方式。

换位思考定律：
将心比心，换位思考

己所不欲，勿施于人

曾经有位因不会与人交往而处处遭人白眼的年轻人，非常苦恼地去找智者，希望智者能告诉他与人交往的秘诀。结果，那智者只送了他4句话："把自己当成别人，把别人当成自己，把别人当成别人，把自己当成自己。"年轻人当时不明白，以为智者不想告诉他秘诀，所以随便说了几句来敷衍他。而智者却说："你回去吧，这就是秘诀。你会明白的。"后来，这位年轻人反复琢磨，经过实践后，终于明白了智者的话。与人交往的秘诀其实就是换位思考。

中国自古就有"己所不欲，勿施于人"的古训，而西方的《圣经》里也有这样的教诲："你们愿意别人怎样待你，你们就怎样对待别人。"人与人的交往，都是将心比心的。只有懂得为别人考虑的人，才能获得别人的真情。生活中，每个人所处的环境、地位、角色不同，所以每个人对同一个事物的想法也会有所不同，不要只从自己的立场出发来想事情，要懂得站在别人的立场上看问题，这样你的观点才会更客观，你的胸怀才会更宽广，你的朋友才会更多，你的事业也会更成功。

这世上有很多争吵，都是因为我们不会站在别人的立场上看问题而导致的。如果我们每个人都能站在别人的立场上为别人考虑，那么这个世界将变成爱的海洋，和谐美满的天堂。妻子总觉得丈夫不体贴，丈夫总觉得妻子不温柔；老师总觉得学生不听话，学生总觉得老师不讲道理；家长总觉得孩子不可救药，孩子则认为家长专治独裁；老板总认为员工爱偷懒，员工总觉得老板是吸血鬼……大家都只从自己的立场出发想问题，那将无法进行沟通和获得理解。

从前，有一个男人厌倦了天天忙碌的工作，每天回家看到妻子总是羡慕她的悠闲舒适。于是有一天，他向上帝祈祷，希望上帝把他变成女人，让他和妻子互换角色。结果，第二天祈祷灵验了，他变成妻子的模样，妻子变成了他的模样。他高兴极了，心想以后我就能享受美好的悠闲生活了。可还没等他想完，妻子就抗议道："你怎么还不去做早餐，我上班要迟到了。"于是，他赶紧起床去做早餐。做完早餐，又去叫孩子们起床，给孩子们穿衣服，喂早餐，装好午餐，送孩子们上学。回到家后，又开始打扫卫生，洗衣服，到超市买菜，准备晚餐……只一天，他就受不了了，太累了，比他上班还累。第二天一醒来，他就祷告，请求上帝再把他变回去。而上帝却对他说："把你变回去，可以。但是，要再等10个月，因为你昨天晚上怀孕了。"

这个有意思的故事,说的还是换位思考的问题。不要以为别人的工作就比你轻松,别人就比你活得容易。

每个人都有每个人的责任,每个人都有每个人的忧喜。只有设身处地为他人考虑,你才能了解他的想法,理解他的行为。

换位思考是一种态度,更是一种品德。懂得换位思考的人,才值得别人尊敬。如果你不想别人剥夺你的生命,那就别当着别人的面抽烟;如果你不想别人啐你的脸,那你就不要随地吐痰;如果你不想别人用污秽的字眼说你,那你也不要随便辱骂别人;如果你不想被人瞧不起,那你也不要戴着"有色眼镜"看人。

总之,己所不欲,勿施于人,懂得站在别人的立场上考虑问题,希望别人怎么对你,你就怎么对别人。

设身处地为他人考虑

其实,设身处地为他人考虑,也是为自己考虑。在这个世界上,没有哪个人是不依赖他人而孤立存在的。社会就是人与人合作互助的结构,不懂得为他人考虑的人,也没有人会为你考虑。只想着自己,自私自利的人,以为没有吃亏,却也难有收获,而且还会失去很多,比如尊重、理解、爱戴、友情,甚至更多。

曾经看过一个非常悲惨的故事,讲的正是不懂得设身处地为他人考虑而导致的悲剧。

一个参军的年轻人,由于在战场上误踩了地雷,失去了一只胳膊和一条腿。他痛苦万分,但想到爱他的父母,他的心底又燃起了活下去的希望。可他现在这个样子,父母会如何看待他呢?他决定还是打个电话给父母,再做打算。于是,他拨通了家里的电话:"爸爸,妈妈,我要回家了。但我想请你们帮我一个忙,我想带一位朋友回去。"父母听后,很高兴,说道:"当然可以,我们也很高兴能见到他。"年轻人接着说:"但是这位朋友不是一般的人,他在这次战争中失去了一只胳膊和一条腿。他无处可去,我希望他能来我们家和我们一起生活。"年轻人这话一出口,电话中就传来父母的声音:"听到这件事我们很遗憾,但是这样一个残疾人将会给我们带来沉重的负担,我们不能让这种事干扰我们的生活。我想你还是快点回家来,把这个人给忘掉,他自己会找到活路的。"听到这些,年轻人挂上了电话。几天后,他的父母接到了警察局的电话,说他的儿子从高楼上坠地而死,调查结果认定是自杀。当悲痛欲绝的父母,赶到陈尸间,看到儿子的尸体时,他们惊呆了,他们的儿子只剩一只胳膊和一条腿。

  这就是只想到自己的结果。生活中,这样的悲剧还有很多。灾难发生在别人身上是故事,发生在自己身上才是事故。而这世界是公平的,风水轮流转,那发生在别人身上的不幸,也可能发生在自己身上。你怎么对待别人,别人就会怎么对待你。所以,要处处为别人考虑。

  在别人有难时,不要幸灾乐祸,而是要想着帮助别人。无论何时都要为别人考虑,这样你的人生会不断地发现惊喜。

  圣诞节那天,妈妈带着女儿在街上玩。妈妈一个劲儿地说:"宝贝,你看多美啊!"可女儿却回答:"我什么美也看不到!"妈妈很生气:"你看那漂亮的五彩灯、圣诞树,还有琳琅满目的各式礼品,你怎么会看不到呢?"女儿很委屈:"可我真的什么也没有看到。"这时,女儿的鞋带开了,妈妈蹲下来为她系鞋带。就在这时,妈妈发现她蹲下来的时候,除了前方一个女人的格子裙以外,什么也看不到。原来,那些东西都放得太高了。

所以,当别人给的答案不是你想要的结果时,要想想为什么会这样。真正设身处地为他人着想,是每个人都应该明白的道理和应该学习的人生法则。

古德曼定律：
没有沉默，就没有沟通

沉默是金

沉默是一种力量，是一种态度，是一种智慧。沉默不是一语不发的怯懦，而是鼓励他人畅谈的谦虚；沉默不是脑中空空的愚蠢，而是为自己积蓄力量的隐忍；沉默不是理屈词穷的失败，而是不屑一顾的威严；沉默不是任人摆布的屈从，而是待时而动的冷静。古语云"沉默是金"，正说明了沉默的价值，沉默的可贵。如果两个人在交谈，没有一方的沉默，那肯定是进行不下去的。这个世界需要呼唤的声音，更需要沉默的安静。

总爱夸夸其谈的人，不一定有真本事。平时沉默不语的人，不一定没有出息。

春秋五霸之一的楚庄王，在继位的前三年，从未发过一道法令。他手下的大臣都看不下去了，但又不敢明着问他。因为他有令:"敢谏者杀无赦!"但大夫伍举聪明,变个方法问道:"一只大鸟落在山上三年,不飞不叫,沉默无声,这是为什么?"楚庄王也是个聪明人,一听就明白了伍举的意思,答道:"这只鸟三年不展翅,是为了让翅膀长大;三年不发声,是为了观察、思考和准备。虽然三年不飞,但一飞必定冲天;虽然三年不叫,但一叫势必惊人!"果然,在第四年,楚庄王共发布九条法令,废除了十项措施,处死了五个贪官,选拔了六个能人。待机而动,一举成功。

沉默不是无所事事,而是想一招制敌。这是力量的积累,是时机的等待。

每年高考都会冒出不少"黑马",那些平时看起来不怎么出众的学生,却能"金榜题名";而那些平时出尽风头,看起来大有希望的学生,却往往"名落孙山"。那些平时看起来默默无闻的学生,其实就是在一点一滴地积累力量,他们"不鸣则已,一鸣惊人"!越王勾践卧薪尝胆,任劳任怨,最终一举歼灭了强大的吴国。这里的沉默,就是在等待时机。所以,真正有大志向的人,往往是看起来比较沉默的人。不语则已,语必惊人。

适时的沉默,会让你获得很多。

大发明家爱迪生,一生发明了3000多件物品。有一次,他想卖掉自己的一项发明,来建一个实验室。但由于他不太熟悉市场行情,不知道自己的发明值多少钱,该向购买者开多高的价位。于是,他便与妻子商量。妻子也不懂行情,但她觉得肯定值不少钱,起码也应该要高些,便对爱迪生说:"你就要两万美元吧。"爱迪生听了,心想:"两万美元,怎么可能呢?"第二天,一个商人上门来找爱迪生,并表示出对那项发明的浓厚兴趣,希望爱迪生能卖给他。商人让爱迪生出个价,爱迪生为难了,说多少好呢,他自己也不知道,所以他就沉默不语。商人一再地问他,他却坚持一言不发。最后,商人终于按捺不住了,就说:"我先出个价吧。您看10万美元,怎么样?"爱迪生一听,喜出望外,立马同意了这笔交易。

所以说,沉默是金。沉默是在积蓄力量,是在等待时机,更是一种威严和智慧,一种冷静和沉着。

俗话说,"祸从口出""言多必失"。该沉默的时候,就要懂得沉默。买东西的时候,讨价还价,你千万不要先开口出价,要像爱迪生一样,等着别人出价。在谈判的时候,也是一样。不要先露出把柄,贸然行动,而是先观察、思考、准备,像楚庄王一样,不鸣则已,一鸣惊人!但沉默不是一直无言,而是适时沉默,该出口的时候,还是要出口的。不然,你就真的要"在沉默中灭亡"了!

善于倾听

沟通是需要说出来和听进去的,二者缺一不可。说出来是一种交流,听进去是一种领会。这个世界需要说出来的勇气,更需要听进去的耐心。

懂得倾听,是一种能力,更是一种品德。倾听是一种沉默,更是一种付出。认真地听别人讲话,是一种尊重,更是一种修养。很多人知道高谈阔论的魅力,却忽视了倾听的力量。科学家曾经对一批推销员进行过追踪调查,调查的对象分为业绩最好和业绩最差两类。经过调查,科学家发现,他们的业绩之所以有这么大的差别，不是因为说得好坏，而是因为听得多少。那些业绩最好的推销员，每次推销的时候平均只说12分钟话，而那些最差的平均却要说上30分钟。说得多，就听得少，听得少，就不容易对顾客有透彻的了解，而且说得多，还容易使顾客厌烦。而听得多则相反，不仅会对顾客有个清晰的了解，知道顾客最需要什么，还会使顾客觉得贴心。所以说，懂得倾听，是一种智慧。

一个好的谈话节目主持人，是一个好的倾听者；一个好的领导，也是一个好的倾听者；一个好的朋友，更是一个好的倾听者。倾听，让对方满足，让自己受益。懂得倾听，才能使谈话更有效。在社交过程中，懂得倾听是一种很吸引人的品质。如果你是一个善于倾听的人，你的身边总会围绕着很多愿意与你交往的人。善于倾听，才能更好地沟通。如果双方各抒己见，都不把对方的观点听到心里去，那么最终只能是以争吵而收场。真正愉快的沟通，是互相倾听；真正的朋友，就是能够与你沟通的人，这个沟通指的就是能够互相倾听。只有能够互相倾听，才能互相理解，彼此知心。作为领导，更要具备善于倾听的能力。听到不同的声音，才能不断地改进。官员要听到百姓的疾苦，老板要听到员工的意见，老师要听到学生的要求，家长要听到孩子的心声。在很多时候，听比说更重要。

很久以前，有个不知名的小国想刁难一下它的邻国，因为它的邻国太大太强，让这个小国感到威胁。有一天，这个小国的使者带着三个一模一样的金人，来向大国进贡。大国的国王，看着这几个金人，心里非常高兴。但是，没想到那个小国的使者，竟给国王出了个难题："请问陛下，您说这三个金人哪个最有价值？"国王一下答不上来了，但国王不能说自己不知道，这样会失了尊严。于是，他想了很多办法，请金匠来看做工，称重量，验材质，但无论如何查，得出的结果都是这三个金人价值都一样。正在国王急得火烧眉毛的时候，一位已告老还乡的老臣来到王宫的大殿上说他知道如何区分。国王十分高兴，把小国的使者也请到了大殿上。这时，只见老臣从袖子里拿出三根稻草，一根一根地分别插入三个金人的耳朵里。结果发现第一个金人的稻草从另一边耳朵里掉了出来，第二个金人的稻草从嘴巴里掉了出来，而第三个金人的稻草掉进了肚子，再也没有出来。于是，老臣对使者和国王说："第三个金人最有价值。"使者这时也不得不承认，老臣的答案是正确的。

为什么第三个金人最有价值呢？因为它懂得倾听，善于倾听。人长了一张嘴两只耳朵，就是要让我们多听少说。善于倾听，是社交中一种非常有用的技能，是领导者必须具备的能力，是每个人都应该拥有的美德。

钥匙理论：
真心交往才有共鸣

交往贵在交心

人与人的交往，有很多种，最让人向往的要数"莫逆之交"。每个人都希望别人能理解自己，生活中有知心的朋友。而要得到这些都有一个大前提，那便是你要真心对待他人，把你的真心交给别人，你才能换来别人的真心，别人的理解。

曾经有个郁郁寡欢的青年去找智者抱怨："为什么这个世界上就没有人能懂我？为什么大家都对我如此冷漠？"

智者看了看青年，说道："没有人会理解一个没有真心的人，也没有人会愿意与虚情假意的人做朋友。你回去，用心与人交往，便会找到答案。"

青年听了智者的话，不懂，以为智者在故弄玄虚，就垂头丧气地回去了。在回家的路上，他看到了一位美丽的姑娘，十分喜欢。心想这位姑娘正配做我的夫人，凭我的聪明才智肯定能把她娶到手。

于是，他就开始采取行动，用尽各种讨好的方法，可结果却为别人做了嫁衣裳——那位姑娘选了别人。

他非常生气地去问那位姑娘："为什么选他不选我？"

姑娘只说了一句话："因为他是真心喜欢我。"

又是真心？他想，我又何曾不是真心喜欢你？此事作罢，还是事业为重。这位青年放下了结婚的念头，决定先找份工作。在铺天盖地的招聘广告中，他选中了一家很有实力又能施展他才华的公司。他是个聪明人，知道这社会的"规矩"，事情都不是那么简单就能办成的。

于是，他买了公司老板最喜欢的茶叶，送给老板娘一套名贵的化妆品，更找到老板最信任的主管为他说好话。可是结果，他没有被录取。而是那个平日里看起来傻呵呵的，总让别人占便宜的小马被录取了。他愤愤不平，找老板理论。

老板眼皮都没抬，说道："我看不到你的真心，我们公司不需要你这种太有心机的员工。"无奈，他只好另找活路。为了生存，他做了推销员。一个月过去了，他作为全公司成绩最差的推销员，面临被辞退的危机。他的上级找他谈话："你知道你为什么卖不出去产品吗？"他摇摇头，说："不知道。""因为顾客感觉不到你的真心。"上级说道。

真心到底是什么？他想去问别人，可是他没有可以问的人。与父母从不深入交谈，朋友都是点头之交，同事更是利益关系。他一下感到他的人生很失败。他再次去找智者，希望智者能告诉他真心是什么。智者没有说话，而是站起来给了他一个拥抱，并轻轻地抚摸他的头发。在那一瞬间，他突然情不自禁地痛哭流涕，满腹委屈都化作泪水流了出来。也就在那一瞬间,他明白了什么是真心。真心就是发自内心地,没有半点虚假,没有半点伪装,心甘情愿地对一个人好,充满尊重与理解。

其实,人与人交往,不需要太多的技巧,太多的手段,只要付出真心就足够了。

真心能攻破铜墙铁壁,能抵过千军万马。人与人的交流,贵在交心。心与心的碰撞,才能产生共鸣,彼此知心。不要抱怨别人不理解你,你要先为别人打开你的心门;不要抱怨别人不和你做朋友,你要先学会用心与人交往;不要抱怨这个世道太坏、好人太少,无论是谁你都真心对待,你会看到另一片蓝天。

人际交往中,与他人心与心地交往,才不会感到孤单寂寞。

真情实感最动人

最能打动人心的美文,是有真情流露的文章;最动人心弦的表演,是充满真情的演示;最让人不能忘怀的形象,是充斥着真情实感的人物。普天之下,最能打动人心的非"真情实感"莫属。真情实感是一种态度,是一种表现,是一种品性。只有充满真情实感的人,才能打动别人的心。

在森林深处有一座城堡,据说里面塞满了宝物。住在城里的三兄弟决定去寻宝。老大拿了一把力大无比的铁锤,老二选了一把聪明无敌的钢锯,老三挑了一把不起眼的钥匙。他们花了三天三夜,终于找到了那个城堡。城堡很高,城门很结实,城门上的锁很沉重。三个人商量了一下,达成共识要想进城堡唯一的方法就是打开城门上的锁。可如何打开呢？这时力大无比的铁锤毛遂自荐，对他的主人说："主人，我力大无比，定能敲碎这城门上的锁。"老大想了想，觉得有道理。就让两个兄弟后退，自己拿着铁锤开始砸锁。可是任凭老大如何用力，那锁还是纹丝不动。最后，他不得不放弃。这时，聪明无敌的钢锯说话了："这样硬砸是不行的，得用巧劲，主人，你拿着我试试！"老二听后，就拿着钢锯上前，找出最容易锯断的地方，用最省力的方法，开始拉锯。可是无论老二如何取巧，那锁还是没有一点变化。这时，那只被人遗忘的钥匙突然说话了："主人，你用我试试！"老三还没有任何表示呢，那铁锤和钢锯就叫嚣起来了："就凭你？我们这般强壮、聪明都不行，看你那弱不禁风、呆头呆脑的样子，怎么可能行？"老大、老二也觉得这钥匙不靠谱。可老三认为，还是试一试为好。结果，没想到老三把钥匙插进锁眼里，轻轻一扭，那锁竟开了。大家都很惊讶，只有钥匙很平静地说："这没有什么，只因我懂它的心。"

  这一句"我懂它的心"，透出多少真情来。打动那"无坚不摧"之锁的竟是一把小小的钥匙。在生活中，有很多这样的情况。即使冷若冰霜的人，只要你对他流露出真情实感，他也是会被你融化的。这世间最动听的歌，是有感情内涵的歌。在人际交往中，不要把自己包得太严，藏得太深，这样你永远也交不到知心的朋友。在与人交往时，更要懂得付出真情，用你的真情实感去打动别人，这是最容易被人忽视却又最有效的武器。

  有一部电影叫《律政俏佳人》，讲的是一位非常可爱的小姑娘，在最严肃的法律界和政界取得成功的故事。而她之所以能取得成功就是因为她从来没有忘记人类最根本的东西，用她的真情打动了与她交往的每一个人。律师往往为了案件的胜利不择手段，官员往往为了个人的利益不顾一切，而女主角却给他们上了一课，用自己的真情实感打动了他们，唤醒了他们的良知。

这个世界有很多规则，有很多限制，有很多危险。因此，这个世界更需要真情实感。永远不要让一些外在的东西蒙蔽了你的心智，用你的真心来面对这个世界，用你的真情实感来打动你身边的每一个人。这就是最简单也最有效的生活、社交法则。

沉默的螺旋：
如何有效表达自己不离群

人际交往中"沉默的螺旋"

"沉默的螺旋"来源于这样一个事实：1965年德国阿兰斯拔研究所对即将到来的德国大选进行了研究。在研究过程中，两个政党在竞选中总是处于并驾齐驱的状况，第一次估计的结果出来，两党均有获胜的机会。然而6个月后，即在大选前的两个月，基督教民主党与另一个政党获胜的可能性比例是4∶1，这对基督教民主党在政治上的胜利期望升高有很大的帮助。在大选前的最后两周，基督教民主党赢得了4%的选票，社会民主党失去了5%的选票。在1965年的大选中，基督教民主党以领先9%的优势赢得了大选。

从这个事实中我们可以看到这样一个现象：人们在表达自己想法和观点的时候，如果看到自己赞同的观点受到广泛欢迎，就会积极参与进来，这类观点会越发大胆地发表和扩散；而发觉某一观点无人或很少有人理会,即使自己赞同它,也会保持沉默。竞争一方的沉默造成另一方的增势,如此循环往复,便形成一方的声势越来越强大,另一方越来越沉默下去的发展过程。

这样一来,就会导致对于一个问题团队意见的最后决定可能不是团队成员经过理性思考之后的结果,而可能是对团队中的主流思想意见的趋同后的结果。然而,有时候,主流思想所强调的东西,却不一定就是正确的东西。当团队中的少数意见与多数意见不同的时候,少数有可能屈于"主流"的压力,表面上采取认同,但实际上内心仍然坚持自己的观点,这就可能出现某些团队成员心口不一的现象。

可以特立,但不要独行

我们在生活中,总是会与各种各样的人打交道,有熟悉的,也有陌生的;有和善的,也有刁蛮的。而一个人不可能与所有性格的人相处得非常融洽。那么,究竟该如何与人相处呢?既要融到大家中去,又要保持自己的独特性,不在人群中迷失自我。

透过我们身边的一些"沉默的螺旋"现象,我们可以更好地审视我们的生活,让我们学会更多为人处世的方法。让"螺旋"在"沉默"中上升,使自己在人际交往中特立但不独行。

第一,要尽量融入到积极的环境中

如果身边的人都勤奋好学、朴实稳重,那么,自己作为一个随性的人,就要尽量融入到这样的氛围当中。因为,这种主流的行为会给你带来积极的影响。其实,这就是典型的沉默的螺旋。生活在这样的环境中,周围人的行为将极大地影响到自身。看到周围的人都在努力,自己也不甘居人后;看到大家都在玩耍,自己也不愿意孤单独处。长此以往，沉默的螺旋就会带动你成为一个团队中不可或缺的组成成员。

第二，要勇于在消极的环境中保持自身独特性

每个人都在不同的环境中扮演着不同的角色，有的环境会带来积极的影响，有的容易把人引向歧途。面对身边的不良的环境氛围，要勇于说出自己的想法，从中挣脱出来。例如，有的学生家庭条件一般，但是周围的同学却花钱大手大脚，经常在吃、穿、玩上面有大笔的开销，甚至荒废了学业。当意识到身处的环境对自己有消极影响的时候，就不要一味地迁就所谓的"主流思想"了，从小的范围内走出来，你会发现，还有更大、更好的环境可以去融入。

第三，有的时候要顺其自然，不必刻意地进入某个环境中

每个人的思想和心智都会随着年龄的增长而日渐成熟。对于有些问题，就要有自己的判断能力，要正确地进行取舍。也有一些问题，无关紧要，自然也就没有必要为了迁就某一方而委屈了自己的心意。比如，身边的人可能在奋斗了多年之后都成为了有房有车一族，而自己却还在奋斗的路上缓步前进着，这时，不可能因为要进入所谓的"主流社会"而背负大笔的贷款去买房买车。每个人都有自己的人生规划，等到资金积攒够了，为了方便生活，自然可以购置，还没达到那个经济水平，也同样可以生活得轻松愉快。面对物质财富，顺其自然最好，不要过于计较。

生活中的沉默螺旋随处可见，有积极的方面，也有消极的方面。其实，沉默的螺旋这个效应本身并无好坏之分，关键要看懂得它的人如何利用，从而让它在适当的场合发挥出应有的效力。如果只是盲目地人云亦云，那就将使自己变得平庸无奇，失去自身的独特性。因此，要跳出沉默的螺旋，唯一的出路就是接受百

家争鸣的局面,聆听反对者的声音,让真理越辩越明。所以,在与周围的人建立良好的人际关系并融洽相处的基础上,我们也要有自己的主见,培养自己判断是非对错的能力,凡事三思而后行,不要让别人的言行左右了自己前进的方向。正所谓"有主见才有魅力,有决断才有魄力"。坚持自己的原则和方向,宁做独树一帜的雄鹰,勿做人云亦云的鹦鹉。

第四章 经济学效应

公地悲剧：
都是"公共"惹的祸

为什么"公共"会惹祸

红红的樱桃不仅样子可爱，而且味道鲜美、营养丰富，自然成了不少人的喜爱之物。婺州公园的樱桃一熟，就被大家"追捧"。有人称："今天早上和家人一起到公园玩，发现那里的一片樱桃熟了，很多人都在摘。有折树枝的，有爬上树的，还有人竟然搬来梯子，一起动手，可热闹了。看了半天都弄不懂，这样子怎么就没人管呢？是不是谁都可以摘啊？"

和所有水果一样，樱桃有着一个自然的成熟周期。还没成熟的时候，它们味道很酸，但随着时间的推移，樱桃的含糖量提高了，吃起来也就可口了。专门种植樱桃的农户到了收获时节才采摘樱桃，所以，超市里的樱桃都是到了成熟期才上架的。然而，长在公园里的樱桃，总是在尚未成熟、味道还酸的时候就被人摘下吃了。如果人们能等久点再采摘,樱桃的味道会更好。可为什么人们等不得呢?

这是因为,公园的樱桃是一种公共物品。人们知道,对公共物品而言,你不从中获得收益,他人也会从中获得收益,最后损失的是大家的利益。所以人们只期望从公共物品中捞取收益,但是没有人关心公共物品本身的结果。正因为如此,才最终酿成"公地悲剧"。

"公地悲剧"最初由英国人哈定于1968年提出,因此"公地悲剧"也被称为哈定悲剧。哈定说:"在共享公有物的社会中,每个人,也就是所有人都追求各自的最大利益,这就是悲剧的所在。每个人都被锁定在一个迫使他在有限范围内无节制地增加牲畜的制度中,毁灭是所有人都奔向的目的地。因为在信奉公有物自由的社会当中,每个人均追求自己的最大利益。公有物自由给所有人带来了毁灭。"他提出了一个"公地悲剧"的模型。

一群牧民在共同的一块公共草场放牧。其中,有一个牧民想多养一头牛,因为多养一头牛增加的收益大于其成本,是有利润的。虽然他明知草场上牛的数量已经太多了,再增加牛的数目,将使草场的质量下降。但对他自己来说,增加一头牛是有利的,因为草场退化的代价可以由大家负担。于是,他增加了一头牛。当然,其他的牧民都认识到了这一点,都增加了一头牛。人人都增加了一头牛,整个牧场多了N头牛,结果过度放牧导致草场退化。于是,牛群数目开始大量减少。所有聪明牧民的如意算盘都落空了,大家都受到了严重的损失。

可见,"公地悲剧"展现的是一幅私人利用免费午餐时的狼狈景象——无休止地掠夺。"悲剧"的意义,也就在于此。

走出"公地悲剧"的旋涡

现实生活中,公地悲剧多发生在人们对公共产品或无主产权物品的无序开发及破坏上,如近海过度捕鱼造成近海生态系统严重退化等。

英国解决这种悲剧的办法是"圈地运动"。一些贵族通过暴力手段非法获得土地,开始用围栏将公共用地圈起来,据为己有,这就是我们历史书中学到的臭名昭著的"圈地运动"。但是由于土地产权的确立,土地由公地变为私人领地的同时,拥有者对土地的管理更高效了,为了长远利益,土地所有者会尽力保持草场的质量。同时,土地兼并后以户为单位的生产单元演化为大规模流水线生产,劳动效率大为提高。英国正是从"圈地运动"开始,逐渐发展为日不落帝国。

土地属于公有产权,零成本使用,而且排斥他人使用的成本很高,这样就导致了"牧民"的过度放牧。我们当然不能再采用简单的"圈地运动"来解决"公地悲剧",我们可以将"公地"作为公共财产保留,但准许进入,这种准许可以以多种方式来进行。比如有两家石油或天然气生产商的油井钻到了同一片地下油田,两家都有提高自己的开采速度、抢先夺取更大份额的激励。如果两家都这么做,过度开采会减少他们可以从这片油田收获的利益。在实践中,两家都意识到了这个问题,达成了分享产量的协议,使从一片油田的所有油井开采出来的总数量保持在适当的水平,这样才能达到双赢的目的。

有人可能会说，避免"公地悲剧"的发生，就必须不断减少"公地"。但是，让"公地"完全消失是不可能的。"公地"依然存在，这就要求政府制定严格的制度，将管理的责任落实到具体的人，这样，在"公地"里过度"放牧"的人才会收敛自己的行为，才会在政府干预下合理"放牧"。

在市场经济中，政府规定和市场机制两者有机结合，才能更好地解决经济发展中的"公地悲剧"。

马太效应：
富者越来越富，穷者越来越穷

学会让自己的收益增值

假如你手里有一张足够大的白纸，请你把它折叠51次。想象一下，它会有多高？1米？2米？其实，这个厚度超过了地球和太阳之间的距离！财富与之类似，不用心去投资，它不过是将51张白纸简单叠在一起而已；但我们用心智去规划投资，它就像被不断折叠51次的那张白纸，越积越高，高到超乎我们的想象。

其实，根据马太效应，我们的收益是具有倍增效应的。你的收益越高，就越有机会获得更高的收益。

一位著名的成功学讲师应邀去某培训中心演讲，双方商定讲师的酬金是300美元。在那个时候，这笔数目并不算少。

这是一场规模盛大的演讲会，参加的人员很多。这位讲师的演讲非常成功，受到了大家的热烈欢迎。同时，他也因此结交了更多的成功学人士,感觉受益匪浅。

演讲结束后,他谢绝了培训中心给他的报酬,高兴地说:"在这几天中,我的受益绝不是这几百美元所能买到的,我得到的东西,早已远远超出了报酬的价值。"

培训中心的领导很受感动,把这个讲师拒收酬金的事告诉了培训中心的所有学员。他说:"这个讲师能够深深体会到他在其他方面的收获远远大于他的酬金,这说明了他对成功学的研究达到了很高水平,像他这样的讲师,才称得上是真正意义上的成功学大师,因为他已经深刻领会了成功的要素和成功的意义,那么他宣传的成功学一定很具实用性,也是可行的。阅读他所著的成功学书籍,一定会得到真实的成功启迪。"

于是,培训中心的学员们纷纷购买了讲师所著的成功学书籍和录像带等产品。

后来,培训中心又把这个讲师拒收酬金的事,写成激励短文挂在培训中心的阅览室里,参加培训的各期学员也都纷纷购买他的书籍和产品,使他的书籍再版了几次,总数超过了百万册。这样,仅在售书方面,讲师的收入就不是一个小数目了。

通过这个故事,我们不难发现,领悟了马太效应,对于我们获得更高的收益非常重要。

现实生活中,人人都希望自己富裕起来。那么,我们不能只看眼前的既得利益,应该把目光放得更远一些,看到马太效应的增值效果,让眼前的收益不断增值。这就好比前面将一张纸折叠51次那样,通过不断累加,你的收益便会越来越多。

口红效应：
经济危机中逆势上扬的商机

"口红"为何走俏

韩国经济不景气的时候，服装流行的是鲜艳的色彩，并且短小和夸张的款式订单比较多；日本现在的服装产业正处于低谷，但是修鞋补衣服之类的铺子，生意却出现了一片繁荣的景象；美国20世纪二三十年代的大萧条时期，几乎所有的行业都沉寂趋冷，然而好莱坞的电影业却乘势腾飞，热闹非凡，尤其是场面火爆的歌舞片大受欢迎，给观众带来欢乐和希望，也让美国人在秀兰·邓波儿等家喻户晓的电影明星的歌声舞蹈中暂时忘却痛苦。

以上这些都是"口红效应"的作用表现。经济不景气的时候，生活压力会增加，人们的收入和对未来的预期都会降低，这时候首先削减的是那些大宗商品的消费，如买房、买车、出国旅游等，这样一来，反而可能会比正常时期有更多的"闲钱"，正好需要轻松的东西来让自己放松一下，所以会去购买一些"廉价的非必要之物"，从而刺激这些廉价商品的消费上升。

金融危机的寒流，并不会让所有的行业都陷入低迷的境遇，经济政策制定者和企业决策者可以利用"口红效应"这一规律，适时调整自己的政策和经营策略，就能最大限度地降低危机的负面影响。所以，危机到来的时候，商家所要做的就是打造危机下的口红商品，只要人人都努力了，都在想方设法地卖出自己的那支"口红"，"口红效应"就有可能发生意想不到的作用。

要想利用"口红效应"来拉动销售，需要满足三个条件：

首先是所售商品本身除了实用价值外，要有附加意义。同样花几十元钱，比起喝咖啡和坐出租车来，还是看电影更有吸引力，可以带来两个小时或者更长时间的持续满足感。危机时期令人绝望的境况，让人们黯然神伤，信心与快乐成为最稀缺的商品。而此时，文化娱乐产业将成为"口红效应"中的获益者。

其次，商品本身的价格要相对低廉。在经济不景气的时期，人们的收入会较之以前有不同幅度的下降，从而导致对消费品的购买力也会下降。大型投资或者奢侈品在这一阶段不会赢得消费者青睐，反倒是一些价格低廉的商品，在此时会迎来销售的"春天"。

再次，商家要适当引导消费者，带动间接消费的欲望。20世纪二三十年代经济危机时期却成为了好莱坞腾飞的关键时期。在经济最黑暗的1929年，美国各大媒体就纷纷开辟专版，向公众推荐适合危机时期观看的疗伤影片。而且，不仅如此，好莱坞还就着这种经济不景气的现状，顺势举行了第一届奥斯卡颁奖礼，每张门票售价10美元，引来了众多观众的捧场。1930年梅兰芳远渡重洋，在纽约唱响他的《汾河湾》，大萧条中的美国人一边在街上排队领救济面包，一边疯狂抢购他的戏票，5美元的票价被炒到十五六美元，创下萧条年代百老汇的天价。

经济危机中常见的生机产业

经济发展有其自身的规律，金融危机的爆发也是经济发展过程中出现的不可避免的问题。当出现这种现象时，商家不可坐以待毙，要学会从低潮中寻找新的商机，迅速实现产业的转型，从而让经济危机的劣势转化为产业发展的优势。就"口红效应"而言，它的受益产业主要有以下几个：

第一，化妆品行业

据有关统计显示，美国1929年至1933年工业产值减半，但化妆品销售增加；1990年至2001年经济衰退时化妆品行业工人数量增加；2001年遭受9·11袭击后，口红销售额翻倍。我们可以发现，化妆品行业出现繁荣的时期都是民众生活受到较大影响的时期。在人们心灵受伤的时候，格外需要一些低廉的非必需品来给自己疗伤，从而给商家带来商机。

第二，电影产业

美国电影一直是"口红效应"的受益者之一，20世纪二三十年代经济危机时期正是好莱坞的腾飞期，而2008年的经济衰退也都伴随着电影票房的攀升。有人预测，中国的文化产业也许要借着"口红效应"实现一个新的跨越。12月公映的冯小刚执导的电影《非诚勿扰》首周票房就超过了8000万元。12月17日，国家广电总局电影局副局长张宏森透露，2008年主流院线票房已经超过了40亿，比去年增长30%。其中，票房过亿的国产电影数量也历史性地超过了好莱坞大片，预计将达到9部之多。和几年前一些偏冷门的类型题材的电影在市场上没有生存空间不同，今天的观众走进影院，既能看到传统功夫片《叶问》，也可以选择结合了艺术和商业的《梅兰芳》以及《爱情呼叫转移2》《桃花运》等影片。观众审美需要不断增加,电影创作也应以多类型、多品种、多样化的电影产品结构来支撑市场。也许这正是"口红效应"在中国的一种反映。

第三,动漫游戏行业

日本市场调研机构近日发布的消费统计数据显示,虽然其他行业走冷,游戏机行业中的任天堂和索尼PSP,却销量大增,其中很大一部分将作为圣诞节和新年的礼物,成为日本玩家迎接新年的伴侣。看来,无论其他行业的形势如何严峻,游戏一直都会是人们放松和疗伤的最优选择。

经济危机不会长久地存在于人们的生活中,终究还是会有回暖的时候。其实,经济增长的步伐偶尔慢下来,也未必不是一件好事。人们可以从繁忙的工作与生活中走出来,谈谈情,唱唱歌,跳跳舞,回归一下家庭,一箪食,一瓢饮,不改其乐。而企业则可以在这其中寻找商机,创造一支能让人们心仪的"口红",推广开来。如此看来,"口红效应"也会实现双赢。

拉动效应：
经济在于"拉动"

不能高估政府投资的拉动效应

随着政府投资拉动的效应持续减弱，及对社会预期的刺激力度也逐级削减，转型将逐步成为最关键的社会焦点。与此相关的市场预期，将直接决定市场的格局走向。

1.政府投资拉动效应减弱

从长期来看，无论是国内还是国外，宽松政策和大量政府财政投资对经济的拉动效应都将逐步减弱。

对于国外而言，由于财政空间的限制及宽松流动性的效应递减（比如欧洲央行释放资金购买债券，甚至仍不能抵挡商价和股市的节节下跌），政府投资的空间及影响力都不可能再起到明显作用。

对于国内而言，压缩和规范地方融资平台，都对直接针对市场的投资拉动预期起到打击作用。从最根本上说，这往往意味着管理层的经济政策思路发生了根本变化，即其已经开始出现基本认知到单一投资拉动模式的缺陷，并出现了较为明显的转向。

因此，无论从政府主观意愿上，还是政策的客观效果上来看，政府投资拉动效应逐步减弱是一个必然趋势。

2.市场认同感减弱

第二个关键问题是，市场的认同感也在削弱，投资的不可持续性广受认同，这又反过来大大弱化和缩减了投资政策的效果。

对市场心理来说，随着投资拉动不可持续性的认同感日趋强烈，资金投放和资金放松未必能够获得市场的足够认同，反而可能会加大市场的担忧。最重要的是，这样会引发投资的带动效应减弱，主要是对社会消费和民间投资的拉动效果会越来越有限，市场的反应也会受到冲击和影响。

3.转型是社会关注的焦点

实际上，目前市场更关注的不是现在的经济数据和经济发展现状，而是中国经济能否成功地迈入一条持续增长之路。机构和基金不认同的也并非仅仅是目前的经济数据有问题，而是对更长期的前景感到迷茫和不确定。

因此，在这种背景下经济体制的转型就必然越来越受到市场关注，唯有如此才能真正启动经济的发展。投资效应的衰减将导致市场对转型的认知从朦胧到逐渐明晰，并最终确认这才是促使整个市场格局反转的关键。

高速铁路带动沿线新投资

湖北咸宁经济开发区，一个仅有12平方公里的地方，却有着60多个投资项目在红红火火地开展着。这是为什么呢？为什么这样一个小地方会有如此的魅力，吸引了那么多投资者的目光呢？原因很简单，用当地一位领导的话来说就是："正是由于武广高铁，一大批广州客商都在咸宁投资，现在整个开发区70%以上都是外来投资者建设的。"

原来如此，可是高速铁路真的有如此大的影响力吗？事实上，在武广高铁尚未开通运营时，广州与武汉就已经开始研究并制定了促进产业转移的政策措施，首批项目24个，总投资117.6亿元。中铁第四勘察设计院总工程师王玉泽说，未来3～5年，通过高速铁路，武汉将建成一个辐射全国的大都市圈，以武汉为中心，5小时内可到达的城市，几乎囊括了大半个中国。王总工程师夸大其词了吗？非也。

如今，我们放眼中国的南部，车马未动，粮草先行，粤港澳正向内陆腹地加紧产业转移，长株潭正加速融入珠三角经济圈，武汉城市圈的影响力也正沿江入海，一条"武广高铁经济带"已初具雏形。随着多条高速铁路客运专线开通运营，有了铁路来实现客货分线，货运能力必然会得到极大的释放。这将有效缓解铁路对煤炭、石油、粮食等重点物资运输的瓶颈制约，提高货主的请车满足率，有效提高全国铁路网的整体运输能力，也有利于以更节能环保的方式降低整个社会的物流成本。

现在，是否有高速铁路通达，已经成为异地投资者投资的重要考量指标之一，一些高铁沿线城市的经济联系与文化合作逐渐被重新定位，其区域经济格局也逐渐被改写。

阿罗定理：
少数服从多数不一定是民主

从阿罗定理看民主投票不能得出唯一的结果

北京1992年开始申请主办2000年奥运会。申办奥运会的投票规则是逐步淘汰制，具有投票权的委员在参加申请的城市中进行投票，得票最少的城市便被淘汰。前两轮投票中北京一直领先，经过两轮投票，最后剩下三个城市：德国的柏林、澳大利亚的悉尼以及中国的北京。在第三轮投票中，北京获得最多的票，悉尼第二，柏林第三。

这一轮投票结束后，柏林被淘汰掉。如果只有这一次投票，北京就获胜了，但问题是还得再投一次票。当北京与悉尼角逐时，北京肯定会再次获得胜利吗？

事实是，北京输了，悉尼获得了2000年奥运会的主办权。为什么会这样？原来支持柏林的投票人在柏林落选后大多数转而支持悉尼。

由此看来，民主投票不能得出唯一的结果，其选举结果取决于民主投票的程序安排以及每次确定的候选人的多少，即投票规则。不同的投票规则将得出不同的选举结果，这就是说，民主投票有内在的缺陷。我们将用著名经济学家阿罗提出的"不可能性定理"来说明，民主制度存在着缺陷。

当然，这里我们所说的存在缺陷并非是说民主选举是虚伪的和带欺骗性的，而是说民主选举有其局限性，我们不能因此全然否定民主选举，甚至将其视为不进行民主选举的借口。正如有一篇讨论民主与丑闻的文章中所说的，民主选举不是绝对好的，但反民主绝对是坏的。在民主社会里，罪恶被最大限度地暴露出来，并受到谴责，因此抑制了更多的罪恶；而在反民主的社会里，罪恶被最大限度地掩盖起来，于是往往导致更大的罪恶。所以，即便我们知道民主投票不一定得出唯一的结果，也要将其付诸实施，因为不这么做将得不到任何的结果。

"形式的民主"距离"实质的民主"有多远

在看到所有的人为寻找"最优的公共选择原则"奔忙而无所获的时候，斯坦福大学教授肯尼斯·阿罗进行了苦心研究，在1951年出版的《社会选择与个人价值》一书中提出了一个理想选举实验。

阿罗理想选举实验的第一步是，投票者不能受到特定的外力压迫、挟制，并有着正常智力和理性。毫无疑问，对投票者的这些要求一点都不过分。

阿罗理想选举实验的第二步是，将选举视为一种规则，它能够将个体表达的偏好次序综合成整个群体的偏好次序，同时满足"阿罗定理"的要求。所谓"阿罗定理"就是：

（1）所有投票人就备选方案所想到的任何一种次序关系都是实际可能的。也就是说，每个投票者都是自由的，他们完全可以依据自己的意愿独立地投出自己真实的选票，而不致因此遭遇种种迫害。

（2）对任意一对备选方案A或B，如果对于任何投票人都是A优于B，根据选举规则就应该确定A方案被选中；而且只有对于所有投票人都是A与B方案等价时，根据选举规则得到的最后结果才能取等号。这其实就是说全体选民的一致愿望必须得到尊重。

但是一旦出现A与B方案等价的情况，就意味着投票可能出现了问题。比如两个方案A、B受两个投票人C、D的选择。对C来说，A方案固然更好，但B方案也没什么重大损失；但是对D来说，却可能是A方案就是生存，B方案就是死亡，那么让C和D两个人各自一人一票当然就不是公正平等的。

（3）对任意一对备选方案A与B，如果在某次投票的结果中A优于B，那么在另一次投票中，如果在每位投票人排序中位置保持不变或提前，则根据同样的选举规则得到的最终结果也应包括A优于B。这也就是说如果所有选民对某位候选人的喜欢程度，相对于其他候选人来说没有排序的降低，那么该候选人在选举结果中的位置不会变化。

这是对选举公正性的一个基本保证。比如，当一位家庭主妇决定午餐应该买物美价廉的好猪肉还是质次价高的陈猪肉时，我们很清楚她对好猪肉和陈猪肉的喜爱程度应该不可能发生什么变化——然而这一次她却买了陈猪肉。这一定说明在主妇对猪肉的这次"选举"中有什么不良因素的介入。当然，如果原因其实是市场上已经100%都是陈猪肉，那也就意味着自由的"选举"已经不复存在，主妇已经被陈猪肉给"专制"了。那不在我们的讨论范围之内。

（4）如果在两次投票过程中，备选方案集合的子集中各元素的排序没有改变，那么在这两次选举的最终结果中，该子集内各元素的排列次序同样没有变化。

比如，那个买猪肉的主妇要为自己家的午餐主食做出选择，有3位"候选人"分别是1元钱1斤的好面粉、1元钱1斤的霉面粉和1元钱1斤的生石灰。主妇的选择排序不说也罢，一清二楚。然而现在的情况却是在生石灰出局之后，主妇居然选择了霉面粉。这一定意味着这次"选举"有外界因素强力介入。比如主妇的单位领导是这家霉面粉厂家老板的姐夫之类。

阿罗定理中的第三点和第四点的结合也就意味着候选人的选举成绩，只取决于选民对他们做出的独立和不受干预的评价。

（5）不存在这样的投票人，使得对于任意一对备选方案A、B，只要该投票人在选举中确定A优于B，选举规则就确定A优于B。也就是说，任何投票者都不能够仅凭借个人的意愿，就可以决定选举的最后结果。

这五条法则无疑是一次公平合理的选举的最基本要求。

然而，阿罗发现当至少有3名候选人和2位选民时，不存在满足阿罗定理的选举规则，即"阿罗不可能定理"。即便在选民都有着明确、不受外部干预和已知的偏好，以及不存在种种现实政治中负面因素的绝对理想状况下，也同样不可能通过一定的方法从个人偏好次序得出社会偏好次序，不可能通过一定的程序准确地表达社会全体成员的个人偏好或者达到合意的公共决策。

人们所追求和期待的那种符合阿罗定理五条要求的最起码的公平合理的选举居然是不可能存在的，这无疑是对票选制度的一记最根本的打击。随着候选人和选民的增加,"形式的民主"必将越来越远离"实质的民主"。

政府干预理论：
"挖坑"可以带动经济发展

政府就是那只"看得见的手"

凯恩斯在其著作《就业利息和货币通论》中，通过一则"挖坑"的故事引申出了政府干预理论：

乌托邦国处于一片混乱中，整个社会经济完全瘫痪，工厂倒闭，工人失业，人们束手无策。这个时候，政府决定兴建公共工程，雇佣200人挖了很大的坑。雇200人挖坑时，需要发200个铁锹，于是生产铁锹的企业开工了，生产钢铁的企业也开始工作了；还得给工人发工资，这时食品消费行业也发展起来了。通过挖坑，带动了整个国民经济的消费。大坑终于挖好了，政府再雇200人把这个大坑填好，这样又需要200把铁锹……如此反复，萧条的市场终于一点点复苏了。经济恢复后，政府通过税收，偿还了挖坑时发行的债券，一切又恢复如常了。

众所周知，在凯恩斯之前的西方经济学界，人们普遍接受以亚当·斯密为代表的古典学派的观点，即在自由竞争的市场经济中，政府只扮演一个极其简单的被动角色——"守夜人"。凡是在市场经济机制作用下，依靠市场能够达到更高效率的事，都不应该让政府来做。国家机构仅仅执行一些必不可少的重要任务，如保护私人财产不被侵犯，从不直接插手经济运行。

然而，历史事实证明，自由竞争的市场经济导致了严重的财富不均，经济周期性巨大震荡，社会矛盾尖锐。1929~1933年的全球性经济危机就是自由经济主义弊症爆发的结果。因此，以凯恩斯为代表的政府干预主义者浮出水面，他们提出，现代市场经济的一个突出特征，就是政府不再仅仅扮演"守夜人"的角色，而是要充当一只"看得见的手"，平衡以及调节经济运行中出现的重大结构性问题。这就是政府干预理论。

政府干预也不是万能的

政府干预经济的主要任务是保持经济总量平衡，抑制通货膨胀，促进重大经济结构优化，实现经济稳定增长。调控的主要手段有价格、税收、信贷、汇率等。

从经济学角度讲，宏观调控就是宏观经济政策，也就是说政府在一定时候可以改善市场结果。当然，政府有时可以改善市场结果并不是说它总是能够调控市场。那什么时候能够调控，什么时候不能呢？这就需要人们利用宏观调控的经济学原理来判断什么样的经济政策在什么情况下能够促进经济的良性循环，形成有效公正的经济体系，而什么时候宏观调控又无法实现既定目标。

相对于亚当·斯密的自由主义，凯恩斯主义认为，凡是政府调节能比市场提供更好的服务的地方，凡是个人无法进行平等竞争的事务，都应该通过政府的干预来解决问题。凯恩斯强调政府的作用，即政府可以协调社会总供需的矛盾、制定国家经济发展战略、进行重大比例的协调和产业调整。它最基本的经济理论，是主张国家采用扩张性的经济政策，通过增加需求促进经济增长。

不过，在20世纪70年代，世界上一些发达资本主义国家陷入了"滞胀"的状态，无论政府如何挥舞那只"看得见的手"，经济总是停滞不前，而物价却在不断地上涨。这便是"政府失灵"的状况。

在现代市场经济的发展中，为了克服"市场失灵"和"政府失灵"，人们普遍寄希望于"两只手"的配合运用，以实现在社会主义市场经济条件下的政府职能的转变。我们应该正确看待政府干预的积极方面及其局限性。

对于我国而言，政府干预的主要作用就是，指明经济发展的目标、任务、重点；通过制定法规，规范经济活动参加者的行为；通过采取命令、指示、规定等行政措施，直接、迅速地调整和管理经济活动。其最终目的是为了补救"看不见的手"在调节微观经济运行中的失效。值得注意的是，如果政府的作用发挥不当，不遵循市场的规律，也会产生消极的后果。

第五章 决策中的学问

羊群效应：
别被潮流牵着鼻子走

有种选择叫"跟风"

喝惯了绿茶、橙汁、果汁的人们如今有了新的选择，以"王老吉""苗条淑女动心饮料"等为代表的一批功能性饮品纷纷开始上市。值得关注的是，这些饮料并不是由传统的食品、饮料企业推出的，生产它们的是——药企。

这些功能性饮料的显著特点是，它们除了饮料所共有的为人体补充水分的功能外，都有一些药用的功能，比如去火、瘦身。伴随着"尽情享受生活，怕上火，喝王老吉"这句时尚、动感的广告词，"王老吉"一路走红，大举进军全国市场。虽然"王老吉"最初流行于我国南方，北方人其实并没有喝凉茶的传统，但是王老吉药业巧妙地借助人人皆知的中医理念，成功地把"王老吉"打造成了预防上火的必备饮料。淡淡的药味，独特的清凉去火功能，令其从众多只能用来解渴的茶饮料、果汁饮料、碳酸饮料中脱颖而出。酷热的夏天，加上人们对川菜的喜爱，给了消费者预防上火的理由，当然也给了人们选择"王老吉"的理由。

然而这里药品专家提醒广大消费者，要理性消费不跟风。医学专家指出，在王老吉凉茶的配料中，菊花、金银花、夏枯草以及甘草都是属于中药的范畴，具有清热的功能，药性偏凉，不宜当作普通食品食用。专家表示，夏枯草的功用是清肝火、散郁结，用于肝火目赤肿痛，头晕目眩，耳鸣、烦热失眠等症，它和菊花、金银花配在一起使用时，应根据具体对象的身体状况对症使用。专家认为，凉茶这种饮料并非老少皆宜，脾胃虚寒者以及糖尿病患者都不宜饮用。脾胃虚寒的人饮用后会引起胃寒、胃部不适症状，而糖尿病患者饮用后则会导致血糖升高。可见，功能性饮料并不适合所有人群。

这也提醒了我们在消费的同时不要盲目跟风，要做到理性消费。经济学上有一个名词叫"羊群效应"，是说在一个集体里人们往往会盲目从众，在集体的运动中会丧失独立的判断。

在一群羊前面横放一根木棍，第一只羊跳了过去，第二只、第三只也会跟着跳过去；这时，把那根棍子撤走，后面的羊，走到这里，仍然像前面的羊一样，向上跳一下，这就是所谓的"羊群效应"，也称"从众心理"。羊群是一个很散乱的组织，平时在一起也是盲目地左冲右撞，但一旦有一只头羊动起来，其他的羊也会不假思索地一哄而上，全然不顾前面可能有狼或者不远处有更好的草。

因此，"羊群效应"就是比喻人都有一种从众心理。从众心理很容易导致盲从，而盲从往往会使你陷入骗局或遭到失败。

其实，在现实生活中，类似的消费跟风的例子还真不少。比如每年大学必有的"散伙饭"。

所谓的"散伙饭"就是"离别饭"。三四年的同学、宿舍密友，转眼间就要各奔东西了，这个时候自然要聚一聚，喝酒、聊天，于是，"散伙饭"成了大学生表达彼此间依依惜别之情的方式。

然而，作为大学里最后记忆的"散伙饭"，却渐渐地变了味道。"散伙饭"不仅越吃越多，还越吃越高档，成了"奢侈饭"。

大学生毕业的时候吃"散伙饭"，显然已经成了一种惯例，届届相传。其实，"散伙饭"只是大学生的一种"跟风"现象。

看到以前的学长们在吃"散伙饭"，看到周围的同学在吃"散伙饭"，自己怎能不吃呢？

这种一味地跟风，只图一时宣泄情绪的行为，往往给许多学生的家庭带来了财务负担。对家庭而言，培养一个大学生已经花费了不少钱财，豪华的饭局更加重了家庭的负担。家庭富裕的家长也许并不会在意什么，然而家庭比较贫困的呢？为了不丢孩子的面子，再"穷"也要让孩子在大学的最后时刻风风光光地毕业。这不仅突出了同学间的贫富不均的现象，更容易引起贫困生们的自卑心理。对于学生而言，绝大多数都是依赖父母，有钱就花，花完再要，大摆饭局只为跟风、攀比，满足彼此的虚荣心，十分不利于培养学生正确的理财观、消费观，助长了社会"杯酒交盏，排场十足"的铺张浪费之风。不仅如此，错误的消费观还会影响到大学生日后就业，他们所挣的工资可能连在校时的消费水平都不如，这也就相应地加大了他们就业的压力。

"羊群效应"告诉我们，许多时候，并不是谚语说的那样——"群众的眼睛是雪亮的"。在市场中的普通大众，往往容易丧失基本判断力，人们喜欢凑热闹、人云亦云。有时候，群众的目光还投向资讯媒体，希望从中得到判断的依据。但是，媒体人也是普通群众，不是你的眼睛，如果你不会辨别垃圾信息就会失去方向。所以，收集信息并敏锐地加以判断，是让人们减少盲从行为，更多地运用自己理性思维的最好方法。

赢在自己，做一匹特立独行的狼

老猎人圣地亚哥最喜欢听狼嚎的声音。在月明星稀的深夜，狼群发出一声声凄厉、哀婉的嚎叫，老人经常为此泪流满面。他认为那是来自天堂的声音，因为那种声音总能震撼人们的心灵，让人们感受到生命的存在。

老人说："我认识这个草原上所有的狼群，但并不是通过形体来区分它们，而是通过声音——狼群在夜晚的嚎叫。每个狼群都是一个优秀的合唱团，并且它们都有各自的特点以区别于其他的狼群。在许多人看来，狼群的嚎叫并没有区别，可是我的确听出了不同狼群的不同声音。"

狼群在白天或者捕猎时很少发出声音，它们喜欢在夜晚仰着头对着天空嚎叫。对于狼群的嚎叫，许多动物学家进行过研究，但不能确定这种嚎叫的意义。也许是对生命孤独的感慨，也许是通过嚎叫表明自身的存在，也许仅仅是在深情歌唱。

在一个狼群内部，每一匹狼都具有自己独特的声音，这声音与群体内其他成员的声音不同。狼群虽然有严格的等级制度，也是最注重整体的物种，但这丝毫不妨碍它们个性的发展和展示，即使是具有最大权力的阿尔法狼,也没有权力去要求其他的狼模仿自己的声音和行为,每一匹狼都掌握着自己的命运,保留着自己的独立个性。同样,就投资而言,我们每一个人的未来终归掌握在自己手里。你愿意去做一只待宰的羔羊,还是做一匹特立独行的狼?

答案很明确,做一只待宰的羔羊肯定会被狼吃掉。可是,人们在实际的投资过程中,往往意识不到自己在不经意间已经加入了羊群。

我们要时刻保持警惕,时刻保持自己的个性,时刻保持自己的创造性,自己把握自己的未来。

下面,我们再来看一个特立独行者的例子:

20世纪50年代,斯图尔特只是华盛顿一家公司的小职员。一次,他偶然看了一部表现非洲生活的电影,发现非洲人喜爱戴首饰,就萌发了做首饰生意的念头。于是他借了几千美元,独自闯荡非洲。

经过几年的努力,他的生意已经做到了使人眼红的地步,世界各地的商人纷纷赶到非洲抢做首饰生意。

面对众多的竞争者,斯图尔特并不留恋自己开创的事业,拱手相让,他从首饰生意中走出来,另辟财路。

斯图尔特的成功就是靠"独立创意"这一制胜要诀,这是他善于观察、善于思考的结果。

要想有独立的创意,就不要人云亦云,一定要培养自己独立思考的能力。

沉没成本：
难以割舍已经失去的，只会失去更多

别在"失去"上徘徊

阿根廷著名高尔夫球运动员罗伯特·德·温森在面对失去时，表现得非常令人钦佩。一次，温森赢得了一场球赛，拿到奖金支票后，正准备驱车回俱乐部。就在这时，一个年轻女子走到他面前，悲痛地向温森表示，自己的孩子不幸得了重病，因为无钱医治正面临死亡。温森二话没说，在支票上签上自己的名字，将它送给了年轻女子，并祝福她的孩子早日康复。

一周后，温森的朋友告诉温森，那个向他要钱的女子是个骗子。温森听后惊奇地问道："你敢肯定根本没有一个孩子病得快要死了这回事？"朋友做了肯定的回答。温森长长出了一口气，微笑道："这真是我一个星期以来听到的最好的消息。"

温森的支票，对于他而言是已经付出的不可回收的成本，他以博大的胸襟坦然面对自己的"失",这是一种对待沉没成本的正确态度。

如果你预订了一张电影票,已经付了票款而且不能退票,但是看了一半之后觉得很不好看,你该怎么办?

这时有两种选择:忍受着看完,或退场去做别的事情。

两种情况下你都已经付钱,所以不应该再考虑钱的事。当前要做的决定不是后悔买票了,而是决定是否继续看这部电影。因为票已经买了,后悔已经于事无补,所以应该以看免费电影的心态来决定是否再看下去。作为一个理性的人,选择把电影看完就意味着要继续受罪,而选择退场无疑是更为明智的做法。

从理性的角度说沉没成本是不应该影响我们决策的,因为不管你是不是继续看电影,你的钱已经花出去了。作为一个理性的决策者,你应该仅仅考虑将来要发生的成本(比如需要忍受的狂风暴雨)和收益(看电影所带来的满足和快乐)。

有一位先生,总是带着一条颜色很难看的领带。当他的朋友终于忍不住告诉他这条领带并不适合他时,他回答:"哎,其实我也觉得这条领带不是很适合我,可是没办法,花了500多块钱买的,总不能就扔在抽屉里睡大觉吧?那不是白白浪费了?"

这种情况十分普遍,人们在做决策的时候,往往不能割舍沉没成本,不少人还将整个人生陷入沉没成本的泥潭里无法自拔,毫无音乐细胞的人坚持把钢琴学下去,因为耗资不菲的钢琴,并且已经花不少钱报了钢琴班;两个性格不合的情侣早就没有了爱情和甜蜜,勉强在一起只因为已经在一起这么久了,为对方已经付出了那么多，怎么也耗到结婚吧……

其实，我们应该承认现实，把已经无法改变的"错误"视为昨天经营人生的坏账损失和沉没成本，以全新的面貌面对今天，这才是一种健康的、快乐的、向前看的人生态度，以这样的态度面对人生才能轻装上阵，才会有新的成功、新的人生和幸福。

忘记沉没成本，向前看

皮皮和爸爸最近住在一户人家的花园里。那家人很热情，他们9岁的儿子很喜欢狗，除了皮皮和爸爸，花园里还有一只可爱的小狼狗，主人常给小狼狗洗澡，带它晒太阳，皮皮看得出，这条小狼狗与这家人的感情很好。

但是有一天，皮皮听到了一阵惨叫，它发现小狼狗被隔壁的大狗给咬死了。皮皮大叫，主人和他9岁的儿子赶紧出门，看到这幕惨剧，主人的儿子十分伤心，他拿着棍子就去打那条大狗。

主人却一把把他抱住："既然我们的狼狗已经死了，就不要再伤害另外一条狗了。我相信，它也不是故意的。"

满脸泪痕的小孩被主人带进了屋，皮皮不满意了："这个男主人真是冷血，自己的宠物被咬死了，也不报仇，就这样算了，真没感情。"

皮皮爸爸说："反正都死了，就算把那条大狗杀死，这条小狼狗也是不可能复活的，这样的沉没成本何必让它再增加呢？"

皮皮摇头表示不明白。

皮皮爸爸接着启发他："好比一盆水被泼在地上，你再努力也不可能把它收回来，所以不如放弃，这就是已经成为定局的沉没成本。"

皮皮似懂非懂。

覆水难收比喻一切都已成为定局，不能更改。在经济学中，我们引入"沉没成本"的概念，代指已经付出且不可收回的成本。就好比小狼狗被大狗咬死已经成为定局，如果再打死大狗，也无法挽回，却还要赔偿那家主人，所以，此刻就不能冲动。

当然，除了"冤枉钱"以外，沉没成本有时候只是商品价格的一部分。

这天，主人推着刚买不久的自行车去卖，下午回来的时候，一脸不高兴。儿子上前问道："爸爸，你怎么了？"

"我才买的车，还是新的呢，结果到了市场上，他们每个人的开价都是那么低，我真是亏死了。"主人一肚子怨气。

"不要生气了，如果你不卖，过几天价格会更低的。"儿子安慰他。

爸爸对皮皮说："其实这也是沉没成本的一种表现。"

故事中，主人买了一辆自行车，骑了几天后低价在二手市场卖出，此时原价和他的卖出价间的差价就是沉没成本。在这种情况下，沉没成本随时间而改变，那辆自行车骑的时间越长，一般来说卖出的价会越低，这是不可避免的，当一项已经发生的投入无论如何也无法收回时，这种投入就变成了沉没成本。

每一次选择我们都要付出行动，每一次行动我们都要投入。不管我们前期所做的投入能不能收回，是否有价值，在做出下一个选择时，我们不可避免地会考虑到这些。最终，前期的投入就像坚固的铁链一样，把我们牢牢锁在原来的道路上，无法做出新的选择，而且投入越大，我们便被锁得越结实。可以说，沉没成本是路径依赖现象产生的一个主要原因。

总之，对于沉没成本不需要计较太多，就好像覆水难收，过去的就让它过去吧。这其实也是一种乐观主义精神，只要坚持下去，任何事情都会有回报的。朝前看，不回头，这样才正确。

最大笨蛋理论：
你会成为那个最大的傻瓜吗

没有最笨，只有更笨

1908～1914年间，经济学家凯恩斯拼命赚钱，他什么课都讲，经济学原理、货币理论、证券投资等。凯恩斯获得的评价是"一架按小时出售经济学的机器"。

凯恩斯之所以如此玩命，是为了日后能自由并专心地从事学术研究以免受金钱的困扰。然而，仅靠讲课又能积攒几个钱呢？

终于，凯恩斯开始醒悟了。1919年8月，凯恩斯借了几千英镑进行远期外汇投机。4个月后，净赚1万多英镑，这相当于他讲10年课的收入。

投机生意赚钱容易，赔钱也容易。投机者往往有这样的经历，开始那一跳往往有惊无险，钱就这样莫名其妙进了自己的腰包，飘飘然之际又倏忽掉进了万丈深渊。又过了3个月，凯恩斯把赚到的钱和借来的本金亏了个精光。投机与赌博一样，人们往往有这样的心理：一定要把输掉的再赢回来。半年之后，凯恩斯又涉足棉花期货交易，狂赌一通大获成功，从此一发不可收拾，他几乎把期货品种做了个遍。他还嫌不够刺激，又去炒股票。到1937年凯恩斯因病金盆洗手之际，他已经积攒了一生享用不完的巨额财富。与一般赌徒不同，他给后人留下了极富解释力的"赔经"——最大笨蛋理论。

什么是"最大笨蛋理论"呢？凯恩斯曾举例说从100张照片中选择你认为最漂亮的脸蛋，选中有奖，当然最终是由最高票数来决定哪张脸蛋最漂亮。你应该怎样投票呢？正确的做法不是选自己真的认为最漂亮的那张脸蛋，而是猜多数人会选谁就投她一票，哪怕她丑得不堪入目。

凯恩斯的最大笨蛋理论，又叫博傻理论。你之所以完全不管某个东西的真实价值，即使它一文不值，你也愿意花高价买下，是因为你预期有一个更大的笨蛋，会花更高的价格，从你那儿把它买走。投机行为的关键是判断有无比自己更大的笨蛋，只要自己不是最大的笨蛋，结果就是赢多赢少的问题。如果再也找不到愿出更高价格的更大笨蛋把它从你那儿买走，那你就是那个最大的笨蛋。

对中外历史上不断上演的投机狂潮，最有解释力的就是最大笨蛋理论。

1720年的英国股票投机狂潮有这样一个插曲，一个无名氏创建了一家莫须有的公司，自始至终无人知道这是什么公司，但认购时近千名投资者争先恐后，结果把大门都挤倒了。没有多少人相信它真正获利丰厚，而是预期更大的笨蛋会出现，价格会上涨，自己会赚钱。颇有讽刺意味的是，牛顿也参与了这场投机，结果成了"最大的笨蛋"，他因此感叹："我能计算出天体运行，但人们的疯狂实在难以估计。"

投资者的目的不是犯错，而是期待一个更大的笨蛋来替代自己，并且从中得到好处。没有人想当最大笨蛋，但是不懂如何投机的投资者，往往就成为了最大笨蛋。那么，如何才能避免做最大的笨蛋呢？其实，只要具备对别人心理的准确猜测和判断能力，在别人"看涨"之前投资，在别人"看跌"之前撤手，自己注定永远也不会成为那个最大的笨蛋。

别做最后一个笨蛋

最大笨蛋理论认为，股票市场上的一些投资者根本就不在乎股票的理论价格和内在价值，他们购入股票，只是因为他们相信将来会有更傻的人以更高的价格从他们手中接过"烫山芋"。支持博傻理论的基础是投资大众对未来判定的不一致和判定的不同步。对于任何部分或总体消息，总有人过于乐观，也总有人趋向悲观；有人过早采取行动，也有人行动迟缓，这些判定的差异导致整体行为出现差异，并激发市场自身的激励系统，导致博傻现象的出现。

最漂亮"博傻理论"所要揭示的就是投机行为背后的动机，投机行为的关键是判断"有没有比自己更大的笨蛋"。只要自己不是最大的笨蛋，那么自己就一定是赢家，只是赢多赢少的问题；如果没有一个愿意出更高价格的更大笨蛋来做你的"下家"，那么你就成了最大的笨蛋。可以这样说，任何一个投机者信奉的无非是"最大的笨蛋"理论。

其实，在期货与股票市场上，人们所遵循的也是这个策略。许多人在高价位买进股票，等行情上涨到有利可图时迅速卖出，这种操作策略通常被市场称为傻瓜赢傻瓜，所以只在股市处于上升行情中适用。从理论上讲，博傻也有其合理的一面，即高价之上还有高价，低价之下还有低价，其游戏规则就像接力棒，只要不是接最后一棒都有利可图，做多者有利润可赚，做空者减少损失，只有接到最后一棒者倒霉。

20世纪80年代后期，日本房地产价格暴涨，1986~1989年，日本的房价整整涨了2倍。这让日本人发现炒股票和炒房地产来钱更快，于是纷纷拿出积蓄进行投机。他们知道房子虽然不值那么多钱，但他们期待有更大的笨蛋出现，到了1993年，最大的笨蛋出现了，国土面积相当于美国加利福尼亚州的日本，其地价市值总额竟相当于整个美国地价总额的4倍。这些最大笨蛋只能跳楼来解脱了。

比如说，你不知道某个股票的真实价值，但为什么你会花高价去买一股呢，因为你预期当你想要抛出时会有人花更高的价钱来买它。

再如今天的房市和股市，如果做头傻那是成功的，做二傻也行，别成为最后的那个大傻子就行。最大笨蛋理论告诉人们最重要的一个道理是在这个世界上，傻不可怕，可怕的是做最后一个傻子。

消费者剩余效应：
在花钱中学会省钱

愿意支付 VS 实际支付

在南北朝时，有个叫吕僧珍的人，世代居住在广陵地区。他为人正直，很有智谋和胆略，受到人们的尊敬和爱戴。有一个名叫宋季雅的官员，被罢官后，由于仰慕吕僧珍的人品，特地买下吕僧珍宅子旁的一幢普通房子，与吕为邻。一天吕僧珍问宋季雅："你花了多少钱买这幢房子？"宋季雅回答："1100金。"吕僧珍听了大吃一惊："怎么这么贵？"宋季雅笑着回答："我用100金买房屋，用1000金买个好邻居。"

这就是后来人们常说的"千金买邻"的典故。"1100金"的价钱买一幢普通的房子，一般人不会做出如此选择，但是宋季雅认为很值得，因为其中的"1000金"是专门用来"买邻"的。

消费者在买东西时对所购买的物品有一种主观评价，这种主观评价表现为他愿意为这种物品所支付的最高价格，即需求价格。这种需求价格主要有两个决定因素：一是消费者满足程度的高低，即效用的大小；二是与其他同类物品所带来的效用和价格的比较。

在一场纪念猫王的小型拍卖会上，有一张绝版的猫王专辑在拍卖，小秦、小文、老李、阿俊4个猫王迷同时出现。他们每个人都想拥有这张专辑，但每个人愿意为此付出的价格都有限。小秦的支付意愿为100元，小文为80元，老李愿意出70元，阿俊只想出50元。

拍卖会开始了，拍卖者首先将最低价格定为20元，开始叫价。由于每个人都非常想要这张专辑，并且每个人愿意出的价格远远高于20元，于是价格很快上升。当价格高于50元时，阿俊不再参与竞拍。当专辑价格再次提升为70元时，老李退出了竞拍。最后，当小秦愿意出81元时，竞拍结束了，因为小文也不愿意以高于80元的价格购买这张专辑。

那么，小秦究竟从这张专辑中得到什么利益呢？实际上，小秦愿意为这张专辑支付100元，但他最终只为此支付了81元，比预期节省了19元。这19元就是小秦的消费者剩余。

消费者剩余是指消费者购买某种商品时，所愿支付的价格与实际支付的价格之间的差额。例如，对于一个正处于饥饿状态的人来说，他愿意花8元买一个馒头，而馒头的实际价格是1元，则他愿意为一个馒头支付的最高价格和馒头的实际市场价格之间的差额是7元，这7元就是他获得的消费者剩余的量。

在西方经济学中，这一概念是马歇尔提出来的，他在《经济学原理》中为消费者剩余下了这样的定义："一个人对一物所付的价格，绝不会超过而且也很少达到他宁愿支付而不愿得不到此物的价格。因此，他从购买此物中所得到的满足，通常超过他因付出此物的代价而放弃的满足，这样，他就从这种购买中得到一种满足的剩余。他宁愿付出而不愿得不到的此物的价格，超过他实际付出的价格的部分，就是这种剩余满足的经济衡量。这个部分可以称为消费者剩余。"

消费者剩余的真正根源其实就是成本。众所周知，人们想要获得任何东西都必须支付一定的成本，消费者剩余也不例外。消费者剩余的提供是需要成本的，想要获得消费者剩余，就必须支付这一成本。消费者在消费中作为剩余获得的免费收益并不是由消费者自己承担的，而是由消费者的前人和后人承担与提供的，消费者没有付出任何货币或者是努力而凭空得到了消费者剩余。前人为消费者承担的成本，主要体现在知识和科学技术上。在市场经济中，由知识和技术等要素所带来的以外部正效应形式存在的那一部分效用实际上并没有被价格机制衡量出来。也就是说，价格机制衡量出来的效用要低于它的实际效用，它们的差额就是由知识和技术等要素所带来的效用。人们花费货币买到的效用大于与他支付的货币所等价的效用，人们没有为此付费而得到了一部分效用，这部分效用就来源于知识和技术等，也意味着前人替我们承担了成本。

在市场经济中，很多商家为了赚取更多的利润，会尽量让消费者剩余成为正数，于是采取薄利多销的销售策略，以此吸引更多的消费者前来购买商品。但是，我们会发现一种非常奇怪的现象，你在高档的精品屋里打折买来的东西，却与普通商场中不打折时的价格差不多，因为你被商家打折的手法诱惑了，你获得的过多的消费者剩余只是心理的满足，而付出的是真金白银。

不上"一口价"的当，省不省先"砍"一下再说

很多商家为了降低成本使其利润最大化，常常会采取一些忽悠的手段来诱骗消费者购买自己的产品。

消费者想买实惠，销售者想赚实利；消费者想尽量砍低价钱，销售者则想方设法抬高价格且不让消费者看出来。于是，有些商家为了使消费者不好砍价，就与厂家联合起来在商品标签上大做文章，故意标上诸如"全国统一零售价""销售指导价"等字样，或者自行张贴"一口价""不还价"等店堂声明、告示，以此忽悠消费者。很多消费者信以为真，以为其所售的商品真就不能砍价，结果"一口价"买的却是"忽悠价"。

尤其在网上购物时，我们经常会遇到一口价商品，但不要认为标明一口价就不能议价了，这只是障眼法。一些不够精明的人往往被卖方的一口价忽悠住，以真正物品价值的几倍价钱买下商品，而自己还被蒙在鼓里。

不要上"一口价"的当，看商品谈价钱，能砍则砍，不能砍，可以尝试着要求卖家通过其他方式降低一些价格，例如免邮费、化零为整等。

一口价的陷阱不仅体现在虚假的报价上，一口价还经常打着特价商品的旗号来迷惑消费者，使之跌入陷阱。

年关将至，某品牌皮鞋店打出"店庆十周年，特价大酬宾"的宣传条幅，活动期间所有商品"一口价"甩卖，数量有限，先到先

得。冲着该品牌及价位，许先生花了130元购买了一双男式休闲皮鞋，可穿了还不到一个礼拜，鞋底两边就裂开了嘴。于是，许先生带着这双皮鞋和购物发票到商店要求退货或更换。没想到，商家当场予以拒绝，特价商品无三包，既然是特价就说明商品本身质量有问题，要不也不会这么便宜就卖了。面对商家冠冕堂皇的解释，许先生想不出任何反驳的理由，因为他当时确实是冲着鞋的价位去的，看来如今只能自认倒霉了，他只好把鞋带回了家。

　　商家打着"一口价"的幌子，以所谓低价销售的手段，蒙骗消费者，逃避自己本来应当承担的退换和售后服务的责任，显然消费者又当了一次"冤大头"。或许有的时候一口价真的很低，但是当你以为自己真的捡了个便宜的时候，你可能完全忽略了商品的质量和售后服务问题。

　　"一口价""全市最低价"，在这些诱人的广告宣传语下，消费者不要在无知中自认为占了大便宜，很有可能你已经跌进商家设下的陷阱里了。所以，面对一口价，要么将"砍"进行到底，要么横眉冷对之。

前景理论：
"患得患失"是一种纠结

面对获得与失去时的心理纠结

有个著名的心理学实验：假设你得了一种病，有十万分之一的可能性会突然死亡。现在有一种吃了以后可以把死亡的可能性降到 0 的药，你愿意花多少钱来买它呢？或者假定你身体很健康，医药公司想找一些人来测试新研制的一种药品，这种药用后会使你有十万分之一的概率突然死亡，那么医药公司起码要付多少钱你才愿意试用这种药呢？

实验中，人们在第二种情况下索取的金额要远远高于第一种情况下愿意支付的金额。我们觉得这并不矛盾，因为正常人都会做出这样的选择，但是仔细想想，人们的这种决策实际上是相互矛盾的。第一种情况下是你在考虑花多少钱消除十万分之一的死亡率，买回自己的健康；第二种情况是你要求得到多少补偿才肯出卖自己的健康，换来十万分之一的死亡率。两者都是十万分之一的死亡率和金钱的权衡，是等价的，客观上讲，人们的回答也应该是没有区别的。

为什么两种情况会给人带来不同的感觉，让人做出不同的回答呢？对于绝大多数人来说，失去一件东西时的痛苦程度比得到同样一件东西所经历的高兴程度要大。对于一个理性的人来说，对"得失"的态度反映了一种理性的悖论。由于人们倾向于对"失"表现出更大的敏感性，往往在做决定时会因为不能及时换位思考而做出错误的选择。

在生活中，人们由于有限理性而对"得失"的判断屡屡失误，成了"理性的傻瓜"。

工人体育场将上演一场由众多明星参加的演唱会，票价很高，需要800元，这是你梦寐以求的演唱会，机会不容错过，因此很早就买到了演唱会的门票。演唱会的晚上，你正兴冲冲地准备出门，却发现门票没了。要想参加这场音乐会，必须重新掏一次腰包，那么你会再买一次门票吗？假设另一种情况，同样是这场演唱会，票价也是800元。但是这次你没有提前买票，你打算到了工人体育场后再买。刚要从家里出发的时候，你发现买票的800元弄丢了。这时，你还会再花800元去买这场演唱会的门票吗？

与在第一种情况下选择再买演唱会门票的人相比，在第二种情况下选择仍旧购买演唱会门票的人绝对不会少。同样是损失了800元，为什么两种情况下会有截然不同的选择呢？其实对于一个理性人来说，他们的理性是有限的，在他们心里，对每一枚硬币并不是一视同仁的，而是视它们来自何方、去往何处而采取不同的态度。这其实是一种非理性的思考。

前景理论告诉我们，在面临获得与失去时，一定要以理性的视角去认识和分析风险，从而做出正确的选择。

把握好风险尺度，别错失良机

有一年，但维尔地区经济萧条，不少工厂和商店纷纷倒闭，被迫贱价抛售自己堆积如山的存货，价钱低到1美元可以买到100双袜子。

那时，约翰·甘布士还是一家纺织厂的小技师。他马上把自己积蓄的钱用于收购低价货物，人们见到他这股傻劲，都公然嘲笑他是个蠢材。

约翰·甘布士对别人的嘲笑漠然置之，依旧收购各工厂和商店抛售的货物，并租了很大的货仓来存货。

他妻子劝他说，不要买这些别人廉价抛售的东西，因为他们历年积蓄下来的钱数量有限，而且是准备用作子女学费的，如果此举血本无归，那么后果不堪设想。

对于妻子忧心忡忡的劝告，甘布士安慰她道："3个月以后，我们就可以靠这些廉价货物发大财了。"

过了10多天，那些工厂即使贱价抛售也找不到买主了，便把所有存货用车运走烧掉，以此稳定市场上的物价。

他妻子看到别人已经在焚烧货物，不由得焦急万分，抱怨起甘布士。对于妻子的抱怨，甘布士一言不发。

终于，美国政府采取了紧急行动，稳定了但维尔地区的物价，并且大力支持那里的厂商复业。

这时，但维尔地区因焚烧的货物过多，存货欠缺，物价一天天飞涨。约翰·甘布士马上把自己库存的大量货物抛售出去,一来赚了一大笔钱,二来使市场物价得以稳定,不致暴涨不断。

在他决定抛售货物时,他妻子又劝告他暂时不要把货物出售,因为物价还在一天一天飞涨。

他平静地说:"是抛售的时候了,再拖延一段时间,就会追悔莫及。"

果然,甘布士的存货刚刚售完,物价便跌了下来。他的妻子对他的远见钦佩不已。

后来,甘布士用这笔赚来的钱开设了5家百货商店,成为全美举足轻重的商业巨子。

事实上,冒险具有一定的危险性,抓住机遇也是件很不容易的事情,并不是每个人想做就能做到。正因为如此,冒险才显得那么重要,冒险也才有冒险的价值。但冒险的目的并不是为了找刺激,当你的机会来临,要及时脱身这种"危险游戏"。我们应有冒险精神,但是不要盲目冒险,才能真正抓住风险中的商机,圆自己的财富之梦。

棘轮效应：

由俭入奢易，由奢入俭难

由俭入奢易，由奢入俭难

商朝时，纣王登位之初，天下人都认为在这位英明的国君治理下，商朝的江山坚如磐石。有一天，纣王命人用象牙做了一双筷子，十分高兴地使用这双象牙筷子就餐。他的叔叔箕子见了，劝他收藏起来，而纣王却满不在乎，满朝文武大臣也不以为意，认为这本来是一件很平常的小事。箕子为此忧心忡忡，有的大臣问他原因，箕子回答："纣王用象牙做筷子，就不会用土制的瓦罐盛汤装饭，肯定要改用犀牛角做成的杯子和美玉制成的饭碗，有了象牙筷、犀牛杯和美玉碗，难道还会用它来吃粗茶淡饭和豆子煮的汤吗？大王的餐桌从此顿顿都要摆上美酒佳肴了。吃的是美酒佳肴，穿的自然要绫罗绸缎，住的就要求富丽堂皇，还要大兴土木筑起楼台亭阁以便取乐了。对于这样的后果我觉得不寒而栗。"仅仅5年时间，箕子的预言果然应验了，商纣王恣意骄奢，商朝灭亡了。

在这则故事中，箕子对纣王使用象牙筷子的评价，就反映了现代经济学消费效应——棘轮效应。

棘轮效应，又称制轮作用，是指人的消费习惯形成之后具有不可逆性，即易于向上调整，而难于向下调整，尤其是在短期内消费是不可逆的，其习惯效应较大。这种习惯效应使消费取决于相对收入，即相对于自己过去的高峰收入。实际上棘轮效应可以用宋代政治家和文学家司马光的一句名言概括："由俭入奢易，由奢入俭难。"

在子女教育方面，因为深知消费的不可逆性，所以明智的家长注重防止棘轮效应。如今，一些成功的企业家虽然十分富有，仍对自己的子女要求严格，从来不给孩子过多的零用钱，甚至在寒暑假期间要求孩子外出打工。他们这么做的目的并非是为了让孩子多赚钱，而是为了教育他们要懂得每分钱都来之不易，懂得俭朴与自立。这一点在比尔·盖茨身上体现得十分明显。

微软公司的创始人比尔·盖茨是世界上赫赫有名的富豪，个人资产总额达460亿美元。但是他在接受媒体采访时却说，要把自己的巨额遗产返还给社会，用于慈善事业，只给3个女儿几百万美元。比尔·盖茨没有自己的私人司机，公务旅行不坐飞机头等舱而坐经济舱，衣着也不讲究什么名牌。更让人不可思议的是，他对打折商品感兴趣，不愿为泊车多花几美元。

有一次，比尔·盖茨和一位朋友同车前往希尔顿饭店开会，由于去晚了，以致找不到停车位。朋友建议把车停在饭店的贵客车位，盖茨不同意。他的朋友说"车费我来付"，盖茨还是不同意。原因很简单，贵客车位要多付12美元停车费，盖茨认为那是"超值收费"。

棘轮效应是出于人的一种本性，人生而有欲，"饥而欲食，寒而欲暖"，这是人与生俱来的欲望。人有了欲望就会千方百计地寻求满足。但是，消费要结合自身情况，不要养成奢侈的消费习惯。哪怕只是几元钱甚至几分钱，也要让其发挥出最大的效益，养成良好的消费习惯。

聚沙成塔，滴水成河——存钱是一种习惯

梁家芝是一个电视台的普通文字记者，她每月的月薪是35000元台币，扣掉各种开销，她一点点地积攒，在不到4年的时间存了70万元台币，圆了自己出国读硕士的梦想。

刚刚参加工作的梁家芝，遇到了大多数新人都会遇到的工作瓶颈，总是觉得无力突破。为了自己的前途，她觉得需要进一步学习和进修，可是又不想向父母或银行借钱，因此，她就萌生出了要靠储蓄积攒出这笔费用的想法。

每天，她的食宿都非常节省，也从来不买光鲜亮丽的名牌服饰。她觉得与其把钱花掉，还不如握在手中。只要一有零钱，她就积攒起来。于是，她账户上的钱越来越多，她也离自己的梦想越来越近。

有一天，当她的朋友跟她开玩笑说："家芝，你存了多少钱了啊？是不是成了小富婆啦？"她才注意到，自己已经存够了出国留学的钱。

很多人都有留学的梦想，但是他们可能因为种种理由而凑不

到钱,从而不得不放弃。看了梁家芝的故事,你还会觉得留学是件难事么?尽管是一点点地积累,一分分地节俭,可她还是存够了钱,圆了自己的梦想。

在开始存钱前,你也许会说:"我知道我应该为将来存些钱。但每个月末,我都余不下多少工资。那么我该怎样开始呢?"这里给你的建议是,每月初在你试图花钱以前,存一些钱到储蓄账户里。

存钱纯粹是习惯的问题。人经由习惯的法则,塑造了自己的个性。任何行为在重复做过多次之后,就会变成一种习惯,人的意志也只不过是从我们的日常习惯中成长出来的一种推动力量。

一种习惯一旦在脑中形成之后,就会自动驱使一个人采取行动。在存钱方面,你不必一开始就存很多钱,即使一周存100元或200元也比不存强,因为它是养成存钱习惯的方法之一。其实要养成存钱的习惯,并不像想象中的那么难。每晚把所有你从饭店、超市和其他地方得来的零钱放入储蓄罐,几个星期后,你就会为你所有的可以存入储蓄账户的钱而感到惊讶。

养成储蓄的习惯,并不表示限制你的理财能力。正好相反,你在养成了这种习惯后,不仅把你所赚的钱有系统地保存下来,也增强了你的观察力、自信心、想象力、进取心及领导才能,真正增强你的理财能力。

第六章 管理学原理

二八法则：
抓住起主宰作用的"关键"

无所不在的二八法则

理查德·科克在牛津大学读书时，学长告诉他千万不要上课，"要尽可能做得快，没有必要把一本书从头到尾全部读完，除非你是为了享受读书本身的乐趣。在你读书时，应该领悟这本书的精髓，这比读完整本书有价值得多。"这位学长想表达的意思实际上是一本书80％的价值，在20％的页数中就已经阐明了，所以只要看完整部书的20％就可以了。

理查德·科克很喜欢这种学习方法，而且一直将其沿用下去。牛津并没有一个连续的评分系统，课程结束时的期末考试就足以裁定一个学生在学校的成绩。他发现，如果分析过去的考试试题，会发现把所学到与课程有关的知识的20％，甚至更少，准备充分，就有把握回答好试卷中80％的题目。这就是为什么专精于一小部分内容的学生，可以给主考人留下深刻的印象，而那些什么都知道一点,但没有一门精通的学生却考不出好成绩。这项心得让他不用披星戴月、终日辛苦地学习,但依然取得了很好的成绩。

理查德·科克到壳牌石油公司工作后,在可怕的炼油厂内服务。他很快就意识到,像他这种既年轻又没有什么经验的人,最好的工作也许是咨询业。所以,他去了费城,并且比较轻松地获取了 Wharton 工商管理的硕士学位,随后加盟了一家顶尖的美国咨询公司,第一个月,他领到的薪水是在壳牌石油公司的 4 倍。

就在这里,理查德·科克发现了许多运用二八法则的实例。咨询行业 80% 的成长,几乎全部来自专业人员不到 20% 的公司,而 80% 的快速升职也只有在小公司里才有——有没有才能根本不是主要的问题。

当理查德·科克离开第一家咨询公司,跳槽到第二家的时候,他惊奇地发现,新同事比以前公司的同事更有效率。

怎么会出现这样的现象呢?新同事并没有更卖力地工作,但他们充分利用了二八法则,他们明白,80% 的利润是由 20% 的客户带来的,这条规律对大部分公司来说都行之有效。这样一个规律意味着两个重大信息:关注大客户和长期客户。大客户所给的任务大,这表示你更有机会运用更年轻的咨询人员;长期客户的关系造就了依赖性,因为如果他们要换另外一家咨询公司,就会增加成本,而且长期客户通常不在意价钱问题。

对大部分咨询公司而言,争取新客户是重点工作,但在他的新公司里,尽可能与现有的大客户维持长久关系才是明智之举。

不久后,理查德·科克确信,对于咨询师和他们的客户来说,努力和报酬之间也没有什么关系,即使有也是微不足道的。聪明人应该看重结果,而不是一味地努力;应该依照一些解释真理的见解做事，而不是像头老黄牛单纯地低头向前。相反，仅仅凭着脑子聪明和做事努力，不见得就能取得顶尖的成就。

二八法则无论是对企业家、商人还是电脑爱好者、技术工程师和其他任何人，意义都十分重大。这条法则能促进企业提高效率、增加收益；能帮助个人和企业以最短的时间获得更多的利润；能让每个人的生活更有效率、更快乐；它还是企业降低服务成本、提升服务质量的关键。

二八法则的运用

微软的创始人比尔·盖茨曾开玩笑似的说，谁要是挖走了微软最重要的约占20%的几十名员工，微软可能就完了。这里，盖茨告诉了我们一个秘密：一个企业持续成长的前提，就是留住关键性人才，因为关键人才是一个企业最重要的战略资源，是企业价值的主要创造者。

留住你的关键人才，因为关键人才的流失有时对一个企业来讲是致命的。

因此，在任何时候，你都要和他们保持良好的沟通，这种沟通不仅是物质上的，更是心理上的，让他们觉得自己在公司具有举足轻重的地位。如果他们感觉到老板对自己的赏识，他心中会升华出一种责任感，从而愿意与公司共进退。

一家西方知名公司的首席执行官刚刚实行了一项革命性的举措——部门经理每季度提交关于那些有影响力、需要加以肯定的职员的报告。这位首席执行官亲自与他们联系，感谢他们的贡献，并就公司如何提高效率向他们征求意见。通过这一举措，这位首席执行官不仅有效留住了关键性的人才，还得到了他们对公司的持续发展提供的大量建议。

另外，要仔细分析关键人才在什么情况下业绩最佳，在那段时间内，他们是如何工作的。因为即使是一个关键人才，他的业绩也不是每个季度、每个月都一样。根据二八法则，找出他们创造了80%的业绩的20%的工作时间，来分析他们在那段时间内创造佳绩的原因。

你也许会问，对表现差的那80%的销售员该怎么办？

其实这些问题你不必考虑，你要训练的是那些你打算长久留下的人，若训练随时准备让他们走人的员工，才真是徒劳无功。

让关键人才来训练你打算留下来的人员，经过一个阶段之后，在受训人员中淘汰掉表现较差的一部分，只保留表现最好的20%，把80%的训练计划和精力放在他们身上，力争他们也成为公司的关键人才。这样，长江后浪推前浪，整个公司的业绩也就上升了。

一位著名的管理学者说："成功的人若分析自己成功的原因，就会发现二八法则在自己成功的道路上发挥了巨大的作用。80%的成长、获利和发展，来自20%的客人。公司至少应知道这20%是谁，才可能清楚看到未来成长的前景。"

1998年，在梅格·惠特曼出任eBay（易趣网）公司首席执行官5个星期之后，她主持了一次为期2天的会议，讨论收缩销售战线的问题，并再次检查用户数据。如果了解eBay公司每个卖家的交易量（当然这由eBay公司负责），你就可以很容易地列出双栏表格。第一栏按照递减顺序，也就是按照交易量从最大到最小的顺序将客户排列下来。第二栏进行交易量累计（例如第一栏中，第一名客户的交易量为5万美元，第二名客户的交易量为4万美元，那么，在第二栏中，对应第一名客户的交易量累计将会是5万美元，而对应第二名客户的交易量累计则为9万美元）。现在，看看第二栏，我们可以找到累计销售额占eBay公司总销售额80%的客户，从中我们可以知道eBay公司销售的集中程度怎样。

经过两天的整理和排列，惠特曼和她的团队发现，eBay公司20%的用户，占据了公司总销售量的80%。这个消息并非听听而已，它提醒大家，针对这20%客户的决策对于eBay公司的发展和收益非常关键。当eBay公司的管理者追踪这20%核心用户的身份时，他们发现这些人大都是收藏家。因此，惠特曼和她的团队决定不再像其他网站那样，通过在大众媒体上做广告去吸引客户，转而在收藏家更容易关注的玩偶收藏家、玛丽·贝丝的无檐小便帽世界等收藏专业媒体和收藏家交易展上加大宣传力度，这一决策成为eBay成功的关键。

将注意力集中在核心用户身上，促成了eBay公司大销售商计划的诞生。该计划旨在通过提升核心客户的表现，从而带动eBay公司自身有更好的表现。该计划向三类大销售商提供了特权和认可，他们分别是铜牌用户，每月销售2000美元；银牌用户，每月销售10000美元；金牌用户，每月销售25000美元。只要大销售商获得了买家的好评，eBay公司就会在这个销售商的名字旁边加注一个专用徽标，并给他们提供额外的客户支持。比如，金牌销售商可以拥有24小时客户支持的热线电话。

由此可见，在公司管理中，要运用二八法则来调整管理的策略，就要首先清楚掌握公司在哪些方面是赢利的，哪些方面是亏损的，只有对局势有了全面的了解，才能对症下药，制定出有利于公司发展的策略。如果脑袋里是一笔糊涂账，就无从谈起二八法则的运用，而那些琐碎、无用的事情将继续占据你的时间和精力。所以首要的任务是对公司做一次全面的分析，细心检查公司里的每个细微环节，理出那些能够带来利润的部分，从而制定出一套有利于公司成长的策略。

你要找出公司里什么部门业绩平平，什么部门创造了较高利润，又有哪些部门带来了严重的赤字。通过分析比较，你就会发现哪些因素在公司中起到举足轻重的作用，而另一些则在公司中的作用微不足道。

在企业经营中，少数的人创造了大多数的价值，获利80％的项目只占企业全部项目的20％。因此，你应该学会时刻注重那关键的少数，提醒自己把主要的时间和精力放在那关键的少数上，而不是用在获利较少的多数上，泛泛地做无用功。

犯人船理论：
制度比人治更有效

没有规矩，不成方圆

18世纪，英国政府为了开发新占领的殖民地——澳大利亚，决定将已经判刑的囚犯运往此地。从英国到澳大利亚的船运工作由私人船主承包，政府支付长途运输费用。据英国历史学家查理·巴特森写的《犯人船》记载，1790～1792年，私人船主运送犯人到澳大利亚的26艘船共4082人，死亡498人，死亡率很高。其中有一艘名为"海神号"的船，424个犯人中死了158人。英国政府不仅经济上损失巨大，而且在人道主义上受到社会的强烈谴责。

对此，英国政府实施了一种新制度以解决问题。政府不再按上船时运送的囚犯人数支付船主费用，而是按下船时实际到达澳大利亚的囚犯人数付费。新制度立竿见影。据《犯人船》记载，1793年，3艘新制度下航行的船到达澳大利亚后，422名罪犯只有

1人死于途中。此后,英国政府对这些制度继续改进,如果罪犯健康良好还给船主发奖金。这样,运往澳大利亚罪犯的死亡率明显有所下降。

如果从我们熟悉的一般思维方式上寻找解决以上犯人死亡问题的方法,一般可以列举出两种,对船主进行道德说教,寄希望于私人船主良心发现,为囚犯创造更好的生活条件,或者政府进行干预,使用行政手段强迫私人船主改进运输方法。但以上两种做法都有实施难度,同时效果也许甚微。然而,新的制度却既可以顺应船主们牟利的需求,也使得犯人平安到达目的地。

这就是制度的作用。所谓制度,就是约束人们行为的各种规矩。"没有规矩,不成方圆。"制度在维护经济秩序方面起着重要作用。一个好的制度一方面可以避免人们在经济生活中的盲目性,形成统一的管理和流程,例如财务制度的建立,使得公司内部资金使用十分规范,人们只需按照相应的规定行事即可;另一方面,制度能规避机会主义行为。

制度的最大受益者是遵循制度的人

合理的制度确实可以对不规范的行为起到良好的约束与引导作用。阿里巴巴集团创办的支付宝,在电子商务一度遭受信用质疑的时刻横空出世,化繁为简,填补了中国金融业在电子商务领域的空白,让每一个消费者都可以放心地进行网上交易。支付宝取得成功的原因就在于取得了消费者的信任,而它之所以能够取得信任,就在于通过严格的制度,规范了网上交易的程序,买主和卖主的权益都得到了最大程度的保障。

可见，无论是公司的制度，还是国家的制度，跟我们每一个人都有紧密的关系。往往一个新制度的产生，会给社会带来不可估量的影响。虽然"犯人船理论"最初是源自于对犯人的约束，但最终，每一个守规矩的人，都是制度最大的受益者。

公平理论：

绝对公平是乌托邦

绝对的公平根本不存在

一个人不仅关心自己所得所失本身，而且还关心与别人所得所失的关系。他们是以相对付出和相对报酬全面衡量自己的得失，如果得失比例和他人相比大致相当时，就会心理平静，认为公平合理，从而心情舒畅；比别人高则令其兴奋，这是最有效的激励，但有时过高会带来心虚，不安全感激增；低于别人时同样会令其产生不安全感，心理不平静，甚至满腹怨气，工作不努力、消极怠工。因此分配合理性常是激发人在组织中的工作动机的因素和动力。

早在1965年，美国心理学家约翰·斯塔希·亚当斯就已提出"公平理论"，员工的受激励程度来源于对自己和参照对象的报酬和投入的比例的主观比较感觉。该理论认为，人能否受到激励，不但由他们得到了什么而定，还要由他们所得与别人所得是否公平而定。

下面，我们一起来看古代《百喻经》里的一个"二子分财"的例子：

古代有这样的习俗，父母死后要为子女留下财产，而子女之间要平分财产。有一位富商，晚年得了重病，知道自己快要死了，于是便告诉他的儿子们要平分财产。两个儿子遵照他的遗言，在他死后，提出各种平分财产的方案，可是无论哪个方案，兄弟二人都不能同时满意。

就在他们为平分遗产发愁的时候，有一个愚蠢的老人来他们家做客，见此状况，便对两兄弟说："我教你们分财物的办法，一定能分得公平，就是把所有的东西都破开成两份。怎么分呢？衣裳从中间撕开，盘子、瓶子从中间敲开，盆子、缸子从中间打开，钱也锯开，这样一切都是一人一半。"兄弟二人听到这位愚人的建议，顿然醒悟，总算找到平分遗产的方法了。但当他们按这样的方法分完遗产，才发现所有的东西都不能用了……

绝对的公平是不存在的。如果完全都按照数量上的平等来分，就会出现这种形而上学的笑话。所以，效率和公平要兼顾。

公平与否的判定受到个人的知识、修养的影响，再加上社会文化的差异，以及评判公平的标准、绩效的评定的不同等，在不同的社会中，人们对公平的观念也是不同的。但是，面对不公平待遇时，为了消除不安，人们选择的反应行为却大致相同，或者通过自我解释达到自我安慰，主观上造成一种公平的假象；或者更换比较对象，以获得主观上的公平；或者采取一定行为，改变自己或他人的得失状况；或者发泄怨气，制造矛盾；或者选择暂时忍耐或逃避。

寻找公平与效率之间的完美平衡点

在经济学上，公平与效率是个永久的话题，很多人认为两者不可兼得，要么牺牲效率，获得相对的更加公平；要么牺牲公平，去追求更大的效率。事实就是这样，最公平的方案不一定就是最有效的。

两个孩子得到一个橙子，但是在分配的问题上，两人并不能统一。两个人吵来吵去，最终达成了一致意见，由一个孩子负责切橙子，而另一个孩子选橙子。最后，这两个孩子按照商定的办法各自取得了一半橙子，高高兴兴地拿回家去了。其中一个孩子把半个橙子拿到家，把橙子皮剥掉扔进了垃圾桶，把果肉放到果汁机里榨果汁喝；另一个孩子回到家把果肉挖掉扔进了垃圾桶，把橙子皮留下来磨碎了，混在面粉里烤蛋糕吃。

两个"聪明"的孩子想到了一个公平的方法来分橙子：如果切橙子的孩子不能将橙子尽量分成均等两半，那么另一个孩子肯定会先选择较大的那一块，所以这就迫使他要进行均匀的分配，否则吃亏的就是自己。这似乎是一个"完美"的公平方案，结果双方也都很满意。然而，他们各自得到的东西却未能物尽其用，这个公平的方案并没有让双方的资源利用效率达到最优。

如果将橙子果肉掏出，全部给需要榨果汁的小孩，把橙皮全部留给需要橙皮烤蛋糕的小孩，这样就避免了果肉和果皮的浪费，达到了资源利用的最大化。但对两个小孩来说，这样的方案，他们会觉得不公平而拒绝接受。许多公司为了避免员工的不公平心理对工作效率造成影响，都对员工工资采取保密措施，使员工相互不了解彼此的收支比率，从而无法进行比较。这种做法有些类似于"纸里包火"。其实，若想要规避不公平心理的负面效应，不但要公开大家的付出与所得，还需要建立合理的工作激励机制，以及公正的奖罚制度，并铁面无私地严格执行下去。

　　然而事实上，要提高效率，难免就会存在不平等。要实现平等，则往往要以牺牲效率为代价。世上没有绝对的公平，公平永远是相对的。所以对于我们个人来说，不要刻意去为点滴的不公而大动干戈，也不要为过于追求效率而无视施加于大家头上的不平等。一个优秀的团体，总能做到效率与公平的兼顾，并知道何时需要注重公平，何时需更注重效率。同样，一个聪明的人在处理事务时，也总会在公平与效率之间找到完美的平衡点。

鲇鱼效应：
让外来"鲇鱼"助你越游越快

鲇鱼效应就是一种负激励

挪威人喜欢吃沙丁鱼，尤其是活鱼，市场上活沙丁鱼的价格要比死鱼高许多，所以渔民总是千方百计地想让沙丁鱼活着回到渔港。虽然经过种种努力，可绝大部分沙丁鱼还是在中途因窒息而死亡。但有一条渔船总能让大部分沙丁鱼活着。船长严格保守着秘密，直到船长去世，谜底才揭开，原来是船长在装满沙丁鱼的鱼槽里放进了一条鲇鱼。鲇鱼进入鱼槽后，由于环境陌生，便四处游动，沙丁鱼见了十分紧张，左冲右突，四处躲避，加速游动。这样一来，一条条沙丁鱼欢蹦乱跳地回到了渔港。

这就是著名的"鲇鱼效应"，即采取一种手段或措施，刺激一些企业活跃起来，投入市场中积极参与竞争，从而激活市场中的同行业企业。其实质是一种负激励，是激活员工队伍的奥秘。

比如，一个企业内部人员长期固定，就会缺乏活力与新鲜感，从而容易产生惰性，影响企业的生产效率。对企业而言，将"鲇鱼"加进来，会制造一些紧张气氛。当员工们看见自己周围多了些"职业杀手"时，便会有种紧迫感，觉得自己应该要加快步伐，否则就会被挤掉。这样一来，企业就又能焕发出旺盛的活力了。

同样，如果一个人长期待在一种工作环境中反复从事着同样的工作，很容易滋生厌倦、疲惫等负面情绪，从而导致工作绩效明显降低，长此以往，就掉入了职业倦怠的旋涡之中。"鲇鱼"的加入，会使人产生竞争感，从而促进自己的职业能力成长和保持对工作的热情，这样也就容易获得职业发展的成功。

要知道，适度的压力有利于保持良好的状态，有助于挖掘人们的潜能，从而提高个人的工作效率。例如，运动员每临近比赛时，一定要将自己调整到能感觉到适度的压力，让自己兴奋的最佳竞技状态。相反，如果不紧张、没压力感，则不利于出成绩。可见，适度的压力对挖掘自身的内在潜力资源是有正面意义的。

有一位经验丰富的老船长，当他的货轮卸货后在浩瀚的大海上返航时，突然遭遇到了巨大的风暴。年轻的水手们惊慌失措，老船长果断地命令水手们立刻打开货舱，往里面灌水。"船长是不是疯了，往船舱里灌水只会增加船的压力，使船下沉，这不是自寻死路吗？"

船长望着这群稚嫩的水手们说："百万吨的巨轮很少有被打翻的，被打翻的常常是船身轻的小船。船在负重的时候是最安全的，空船时则是最危险的。在船的承载能力范围之内，适当的负重可以抵挡暴风骤雨的侵袭。"

水手们按照船长的吩咐去做，随着货舱里的水位越升越高，随着船一寸一寸地下沉，依旧猛烈的狂风巨浪对船的威胁却一点一点地减少，货轮渐渐平稳下来。

这就是"压力效应"。那些得过且过、没有一点压力的人，就像是风暴中没有载货的船，人生的任何一场狂风巨浪都能将其覆灭。而那些时刻认识到"鲇鱼效应"的存在，在生活中适当存有压力，善于保持工作激情的人，是不会轻易被风浪击倒的，反而时刻走在追求成功的道路上。

适度的压力是必要的，但若压力过度的话，不仅不会消除厌倦慵懒的情绪，反而会激发无助、绝望等更为负面的情绪，从而使自己的状况恶化，这就好比将许多鲇鱼放入了沙丁鱼鱼槽中。鲇鱼是食鱼动物，正因为这种特性，加入一条鲇鱼会给沙丁鱼带来压力，从而发生"鲇鱼效应"；然而如果放入大量鲇鱼，这不但不能给沙丁鱼带来游动的动力，反而给它们带来灾难。

对于企业中的个人来说，"鲇鱼"要么是位奖罚分明、雷厉风行的领导，要么是位表现突出、实力强劲的同事，还有可能是位积极向上、富有活力的下属。这些"鲇鱼"的适当存在，都能让其他员工产生向前奋进的动力。久而久之，我们会慢慢发觉，我们也变成了周围人眼中的"鲇鱼"，大家都处在一个良性循环的竞争中。

在当今这个日新月异的社会中，原地不动就意味着退步。若不想落后于他人，那就给自己找条"鲇鱼"吧，保持着适度的压力，并将压力化为动力，我们就会越游越快。

引入"鲇鱼"员工

本田汽车公司的创始人本田宗一郎就曾面临这样一个问题：公司里东游西荡的员工太多，严重影响企业的效率，可是全把他们开除也不现实，一方面会受到工会方面的压力，另一方面企业也会蒙受损失。这让他左右为难。他的得力助手、副总裁宫泽就给他讲了沙丁鱼的故事。

本田听完故事，豁然开朗，连声称赞这是个好办法。于是，本田马上着手进行人事方面的改革。经过周密的计划和努力，终于把松和公司的销售部副经理、年仅35岁的武太郎挖了过来。武太郎接任本田公司销售部经理后，首先制定了本田公司的营销法则，对原有市场进行分类研究，制订了开拓新市场的详细计划和明确的奖惩办法，并把销售部的组织结构进行了调整，使其符合现代市场的要求。上任一段时间后，武太郎凭着自己丰富的市场营销经验和过人的学识，以及惊人的毅力和工作热情，受到了销售部全体员工的好评，员工的工作热情被极大地调动起来，活力大为增强。公司的销售出现了转机，月销售额直线上升，公司在欧美及亚洲市场的知名度不断提高。

无疑，本田是"鲇鱼效应"的获益者。从那以后，本田公司每年都重点从外部"中途聘用"一些精干利索、思维敏捷的30岁左右的生力军，有时甚至聘请常务董事一级的"大鲇鱼"，这样一来，公司上下的"沙丁鱼"都有了触电式的警觉。

第七章 经营学法则

破窗效应：
千里之堤，溃于蚁穴

从"小奸小恶"谈企业管理

环境具有强烈的暗示性和诱导性，不要轻易去打破任何一扇窗户，一旦一个缺口被打开，即使看上去微不足道，如果不及时制止，其恶劣影响就会滋生、蔓延，这就是所谓的破窗效应。

事实上，这一效应在企业管理中具有重要的借鉴意义。对待企业中随时可能发生的一些"小奸小恶"的态度，特别是对于触犯企业核心价值观念的一些"小奸小恶"的处理态度，是非常重要的。

美国有一家以极少炒员工著称的公司。

一天，资深熟手车工杰瑞为了赶在中午休息之前完成2/3的零件，在切割台上工作了一会儿之后，就把切割刀前的防护挡板卸下来放在一旁，没有防护挡板收取加工零件会更方便、更快捷一点。大约过了一个多小时，杰瑞的举动被无意间走进车间巡视的主管逮了个正着。主管大发雷霆，除了监督杰瑞立即将防护板装上之外，还站在那里控制不住地大声训斥了半天，并声称要作废杰瑞一整天的工作量。到此，杰瑞以为结束了，没想到，第二天一上班，便有人通知杰瑞去见老板。在杰瑞受过好多次鼓励和表彰的总裁室里，杰瑞接到了要将他辞退的处罚通知。总裁说："身为老员工，你应该比任何人都明白安全对于公司意味着什么。你今天少完成几个零件，少实现利润，公司可以换个人换个时间把它们补回来，可你一旦发生事故失去健康乃至生命，那是公司永远都补偿不起的……"

离开公司那天，杰瑞流泪了，工作的几年间，杰瑞有过风光，也有过不尽如人意的地方，但公司从没有人对他说不行。可这一次不同，杰瑞知道，他这次碰到的是公司灵魂的东西。

此外，"破窗理论"还有一种比较直观的体现。在日本，有一种被称作"红牌作战"的质量管理活动：第一，清理。清楚地区分要与不要的东西，找出需要改善的事物。第二，整顿。将不要的东西贴上"红牌"。"红牌作战"的目的是，借助这一活动，让工作场所整齐清洁，塑造舒适的工作环境，久而久之，大家都遵守规则，认真工作。许多人认为，这样做太简单，芝麻小事，没什么意义。但是，一个企业产品质量是否有保障的一个重要标志，就是生产现场是否整洁。

作为一位出色的管理者，我们应当认识到破窗理论在企业中的重要作用。

对员工中发生的"小奸小恶"行为，要给予充分的重视，加重处罚力度，严肃公司法纪，这样才能防止有人效仿这种行为，积重难返。特别是对违犯公司核心理念的行为要严肃查处，绝不姑息养奸。

要鼓励、奖励"补窗"行为。不以"破窗"为理由而同流合污，反以"补窗"为善举而亡羊补牢，这体现了员工高尚的道德情操和自觉的成本意识。公司要提倡这种善举，通过表扬、奖励措施使之发扬光大。

自己要以身作则，不做"破窗"的第一人。自觉遵守公司规章制度，按程序办事，不做"旁路"程序的事。因为工作程序的制定一般都反映了对员工的约束机制，考虑了成本效益因素。违反程序，其结果往往是造成无序，破坏约束机制，增加成本，有害于公司，也有害于自己。

养成工作遵守程序的习惯，并使其成为个人的道德水平的体现。同时，不以"别人不按程序，我为什么不能"为理由放纵自己，而是坚定立场，反对违反公司规定、浪费公司资源和社会资源的行为。

危机时代，要学会"预防性管理"

美国学者菲特普曾对财富500强企业的高层人士进行过一次调查，高达80％的被访者认为，现代企业不可避免地要面临危机，就如人不可避免地要面临死亡，14％的人则承认自己曾面临严重危机的考验。

一般说来，企业危机是指在企业内部矛盾、企业与社会环境的矛盾激化后，企业已不能按照原来的轨道继续运行下去的紧急状态，表现为失控、失范和无序。

如今，日益激烈的竞争，充满变数的非直线性发展的外部力量的变化，彻底打破了经验主义者理想的思维方式，如果仅仅依靠并沿袭往日成功的经验来经营企业，将会在不知不觉中铸成危机。局部的、组织的甚或个人的行为，均可能演化为企业的威胁。危机一旦降临，企业可能面临的主要后果有：利润降低；市场份额减少，失去市场甚至导致破产；商业信誉被破坏，形象、声誉严重受损等。

在实际工作中，有一种叫"预防性管理"的思想，认为要想避免管理中不想要的结果出现，就要在事情发生前，采取一些具体的行动。所以，当危机即将来到时，在还未出现"破窗"现象时，我们就要先做好预防准备。以下两点可以作为我们的参考：

第一，树立危机意识。从主观上来看，没有人希望危机出现，俗话说"天有不测风云，人有旦夕祸福"，无论是天灾还是人祸，危机都有可能发生。尽管天灾无法避免，但如有应急措施，可将损失降到最低限度或限制在最小范围；而人祸是可以避免的，关键取决于企业管理者是否重视对人祸的预防，是否有较强的危机意识。所谓树立危机意识，就是在危机发生前，对危机的普遍性有足够的认识，面对危机毫不畏惧，积极主动地迎战危机，充分发挥人的主动性和创造性。

第二，做好危机的预控。危机预控是在对危机进行识别、分析和评价之后，在危机产生之前，运用科学有效的理论及方法，来防止危机损失的产生、增加收益的经济活动。企业可采取回避、分散、抑制、转嫁等有效措施的有机结合，通过互相配合、互相补充，达到预防和控制危机的目的，在自我发展的同时稳定整个社会的经济秩序。

中国有句古话，"人无远虑，必有近忧"，作为企业更当以此为鉴。既然有些"破窗"不可避免，企业就应时时绷紧"破窗"这根弦。只有未雨绸缪防范"破窗",才能修补"破窗"于旦夕之间。平时多一些"破窗"意识,多制定几套对付各种可能出现的"破窗"之策略,"破窗"来临时就会镇定从容得多,相对于没有"破窗"意识和未制定"破窗"策略的企业而言,本身就已经为自己赢得了时间差。

酒与污水定律：
莫让"害群之马"影响团队发展

不容忽视的"害群之马"

一次管理培训课堂上，当着所有学员的面，讲师把一匙酒倒进一桶污水中，然后问大家："这桶水如何？"大家异口同声地答道："这是污水。"接着，讲师又把一匙污水倒进一桶酒中，同样问大家："这桶水如何？"大家毫不犹豫地回答说："这仍然是一桶污水。"

这就是著名的"酒与污水定律"。它告诉我们，一个正直能干的人进入一个混乱的部门可能会被吞没，而一个无德无才者能很快将一个高效的部门变成一盘散沙。组织系统往往是脆弱的，是建立在相互理解、妥协和容忍的基础上的，它很容易被侵害、被毒化。破坏者能力非凡的另一个重要原因在于，破坏总比建设容易。

在金融危机期间，一家香港公司为了节省资源，选定了一个时间安排所有工人到内地工厂上班。公司规定，每天早上8：30全体员工统一在罗湖关口集合，然后大家一起乘车去内地工厂。

起初，大家都很准时，按照规定时间集合、乘车、上班。但有一天，公司加入了一位新员工，他的时间观念很弱，几乎每天都不能按时到罗湖关口的集合地点，领导一问他，他不是说过关人多，就是说下雨堵车，每次都有诸多借口。领导考虑到他是新员工，每次都只是随口警告两句，并没有实质性的惩罚。大家都共睹了那个习惯迟到的员工并没有受到公司的什么惩罚，于是，有些平日从没有迟到过的工人也慢慢加入了迟到的行列。

结果，公司的业绩不断下滑，最终被淹没在金融风暴里。

与之类似，几乎在任何组织里，都存在几个难以管理的人物，他们存在的目的似乎就是为了把事情搞糟。他们到处搬弄是非，传播流言，破坏组织内部的和谐。最糟糕的是，他们像果箱里的烂苹果，如果你不及时处理，它会迅速传染，把果箱里其他的苹果也弄烂，"烂苹果"的可怕之处在于它那惊人的破坏力。

客观而言，企业就是个人的集合体，企业的整体效率取决于其内部每个人的行为，这就要求这个集合体内的每个人都能发挥最大效能，以保持团队的整体步调一致，动作协调。只有这样，才能顺利扬起企业的奋进之帆。

唐代李益有首《百马饮一泉》的诗，讲了一个小故事：有一百匹马都在泉边喝水，其中一匹马偏要跑到上游或泉水源头喝水，而且它不是在岸边喝，而是下到了水里搅和。于是，在下游的其他马只能喝浑浊的水。这样的马，也就是我们常说"害群之马"，与前面所讲的组织中的"污水"是一个道理。

正如一个能工巧匠花费时日精心制作的陶瓷器，一头驴子一秒钟就能把它毁坏掉一样。长此以往，即使拥有再多的能工巧匠，也不会有多少像样的工作成果。延伸到一个组织里，一旦存在这样一头具有破坏性的驴子，即使拥有再多的专家良才，也不会做出多少非凡业绩。

所以，对于一个领导者来说，想要让团队生存，并不断良性发展下去，千万不可小觑或忽视那些蕴藏着无尽危害性的"害群之马"。

及时解雇，对付害群之马的不二之选

虽然我们都知道害群之马对一个组织的危害性极大，破坏组织内部的和谐，阻止企业的发展。然而，在现实中，组织往往又不可避免地出现一些害群之马。

既然如此，那我们该如何应对这些总是出现的害群之马呢？

大卫·阿姆斯特朗是阿姆斯特朗国际公司的副总裁，他讲述了发生在自己身边的一个小故事：

偶尔，我们会听到一个绝妙的形容或比喻让人心头一震。当我听到"恶性痴呆肿瘤"这个词的时候，我就有这种感觉。下面我来解释一下这一个词是怎么来的，代表什么意义。

当时我正在"讨厌鬼营"倾听某汽车公司一位女士谈论为什么善待员工不仅是公司的义务，也是重要的生意经。

"我们必须关掉一间工厂，在关掉前60天我们通知了员工这项决定。"她说，"结果我们发现，最后1个月的生产率反而提高了。这说明如果公司善待员工，员工就会回馈。"

康涅狄格某杂货商小史都先生自听众席上提出一个问题:"在公司经历快速成长的时候,怎样才能做到既善待员工又兼顾公司的经营作风呢?"

"你做不到。"这位女士回答,"你不可能一下子找来50个员工,把公司的作风教给他们,然后期望他们个个都会安分守己。没有人能做到这一点。50人当中,总会有四五个害群之马,而且这几个害群之马会带坏其他人。"

这时,苹果电脑的查克马上站起来表示:"我们称这种人为'恶性痴呆肿瘤'。在苹果电脑,我们用'恶性痴呆肿瘤'来形容害群之马。因为他们就像癌细胞一样,会扩散。最好的解决办法就是把这些肿瘤割除,以免他们的不良行径贻害他人。"

要知道,对于组织中"恶性痴呆肿瘤"式的害群之马,必须及时切除,否则"肿瘤"一旦扩散,整个组织都会受到严重影响,甚至垮掉。

或许你认为,对任何公司和老板来说,开除或解雇员工,总是一件令人不快的事,因为这或多或少地反映了公司存在着某些缺陷或不足之处。但是,如果解雇的是一个存在一天就会对公司为害无穷的"捣乱分子",就应该当机立断,否则一旦他阴谋得逞,公司将后患无穷,也只有这样,你才能彻底排除纵容下属、姑息养奸的可能。

黄帝时,大隗是一个很有治国才能的人,黄帝听说后就带领着方明、昌寓、张若等6人前去拜访。不料,7个人在途中迷了路,见旁边有一位牧马童子,就问他知不知道具茨山在哪里,牧童说:"知道。"又问他知不知道有一个叫大隗的人,牧童又说:"知道。"

还把大隗的情况都告诉了他们。黄帝见这牧童年纪虽小却出语不凡，又问："你懂得治理天下的道理吗？"牧童说："治理天下跟我牧马的道理一样，唯去其害马者而已！"

黄帝出访归来，晚上梦见一人手执千钧之弩，驱赶上万只羊放牧。黄帝突然醒悟到那个牧童应该就是一位难得的人才，于是就回去找牧童，培养后授其官位，使之辅佐治国。

司马迁曾说："黄帝举风后、力牧、常先、大鸿以治民。"其中的力牧，就是那位懂得去除害群之马的牧童。

可见，古往今来，任何一位称职的、杰出的领导，都懂得如何对付手下的害群之马，即及时解雇。

雷尼尔效应：
用"心"留人，胜过用"薪"留人

温情，留住员工的强大力量

位于美国西雅图的华盛顿大学计划在校园的华盛顿湖畔修建一座体育馆，但引起了教授们的强烈反对。因为体育馆一旦在那里建成，恰好挡住了从教职工餐厅窗户可以欣赏到的美丽湖光。与当时美国的平均工资水平相比，华盛顿大学教授们的工资要低20%左右。而他们在没有流动障碍的前提下自愿接受这么低的工资，完全是出于留恋那里的湖光山色，西雅图位于太平洋沿岸，华盛顿湖等大小水域星罗棋布，晴天时可看到美洲最高的雪山之———雷尼尔山峰。他们为了美好的景色而牺牲获得更高收入的机会，这被华盛顿大学经济系的教授们戏称为"雷尼尔效应"。

通过前面的例子我们发现，华盛顿大学教授的工资，80%是以货币形式支付，20%是由良好的自然环境补偿的。如果因为修建体育馆而破坏了这种景观，就意味着工资降低了20%，教授们很容易流向其他大学。可见，知道员工的真正需求，才能留住人才，这就是著名的"雷尼尔效应"。

当今，企业的竞争主要是人才的竞争。企业是否能够吸引和留住人才，成为一个企业成败的关键。美丽的西雅图风光可以留住华盛顿大学的教授们，同样的道理，企业也可以用温情来吸引和留住人才。

《亚洲华尔街日报》《远东经济评论》曾联手对亚洲10个国家和地区的355家公司进行了调研，涉及26种产品、9.2万名员工，最终评选出前20名最出色的雇主。根据这项调查，员工心目中的"好公司"与公司资产规模、股价高低并没有直接的联系，虽说入选的20家上榜公司各有各的绝招，但它们都具备一个共同特征——带着浓浓的人情味。

小何大学毕业后到一家大型企业工作。工作前3年，公司效益非常好，每个月小何总会有一笔不菲的工资和奖金。在外人眼里，这一切已经很不错了，他也很知足。然而，由于他和一起共事的同事大都是大学刚毕业的年轻人，随着时间的推移，按部就班的工作节奏使他们变得懒散，总觉得工作缺少激情。所以，他们都想跳槽换个环境。

不料，就在他们决定跳槽的时候，公司由于在一个重大项目上决策失误，损失惨重，多年来公司创造的辉煌一夜之间化为乌有，面临破产的困境。平时公司的经理带领他们创业，对这些年轻人也格外照顾。在公司处于困境的时候选择跳槽，他们很是过意不去，但是长期在公司待下去不会有太大的发展前途。权衡再三，他们还是决定离开，另谋高就。就这样，几个年轻人写好了辞职报告，准备去找经理谈话。

　　盛夏时节酷暑难耐，为了节约用电，公司老总把自己办公室空调的温度从23℃提高到24℃。为此，经理特意在门口贴了一张小字条："关键时刻，让我们从点滴做起。尽管公司处于困境，但困难只是暂时的，如同乌云遮不住太阳。为了节省1度的电量，你们进入我的办公室时，可以随便减去一件衣服。"

　　在这个以严格的等级制度管人的公司，没有人可以在进入经理办公室之前随随便便脱去西装。尽管经理贴出了小字条，可是没有人在进入他的办公室之前减衣服。时间长了，经理发现了这一点，立即从自己做起，自己先减去一件衣服，穿得随便些，让来汇报工作的员工放松心情，自然一些。那天他们走到经理办公室，看到小字条，没敢脱衣服，但心微微地震动了一下。走进办公室，他们发现经理穿得很随便，而且他们观察到经理室的空调温度比往常高了1℃。经理让他们脱去外套，有什么想法慢慢汇报。他们先前想好的理由顷刻间化为乌有，最后都红着脸退了出去。

　　此后，他们的心长久地被那1℃温暖着，尽管那1℃对一个员工上千的企业算不了什么，但是他们从那微不足道的1℃中看出了一种温暖、一种精神。几个月过去了，始终没有人提辞职的事情。后来那家公司走出了困境，企业的发展蒸蒸日上。有人说企业的成功与1℃有关。

　　很难相信，一个企业的兴衰与小小的1℃息息相关，但那是最温情的1℃。正是这微小的1℃孕育了一种强大的力量，唤醒了埋在人性深处的一种温情，将个体的命运与集体的命运紧紧地连在一起，形成了一种温情的团队精神，战胜了看似很大的困难。

　　为人处世，一个人需要这样的1℃；营生立业，一个企业更需要这样的1℃。这种温情,正是企业留住员工的"西雅图风光"。

人性管理,收获人心

"雷尼尔效应"对企业吸引和留住人才具有重要的借鉴意义。只有展示出你的人情味,才能做到人心所向,才能真正地留住员工的心。换言之,人情味乃是吸引和留住人才的重要原因。

当你能很人性化地对待员工时,他们获得的激励感受是物质奖励远远不能达到的。同时,你也会发现,越是在一个看似严峻复杂的时刻,一句最朴实的话语越可能带来出乎意料的好效果。

美国四大连锁店之一的华尔连锁店将其成功的秘诀概括成一句话,那就是:"我们关怀我们的员工。"

在深圳一家企业里,精明能干的老板总会询问员工有无工作上的困难,为员工送上温暖、关怀的话语,休息时间叫来下午茶,和大家一起讨论《第五项修炼》《追求卓越》中的经典章节。逢周末,老板还会请大家参加一些健身、娱乐活动,尽量放松工作中紧张的情绪。

人是企业中最珍贵的资源,也是最不稳定的资源。当他们心情不好、对领导不满意、对同事看不顺眼、对薪酬不满、对政策怀疑、对制度反感、生活上存在问题和困难时,就会意志消沉或心不在焉,直接影响到企业目标的实现。当你真心、真诚地关怀员工,把爱心注入与员工的沟通中,你就会发现,员工会把劳动作为享受自己幸福生活的手段之一,把企业作为实现幸福生活的场所。

人情化管理其实也是公司激励员工的方式之一。说到激励,首先是要鼓励员工参与企业的管理。美国有个州的农业保险公司以善于留住人才而著称。他们用一个简单的方法来实现员工认同的"个性化奖励"。经理人员要求每个员工完成一份自己的"喜好清单"——列举他们喜欢做的事和喜欢的东西，比如最爱吃的冰淇淋、颜色、花、电影明星、饭店、度假区、业余爱好、娱乐等。当经理人员想要奖励有优秀表现的员工时，查阅一下他的"喜好清单"，就可以马上"量身定做"这个员工的奖励。

人不仅仅是"经济人"，还是"社会人"，人通过组织获得的力量必然大于人本身的力量，员工对组织活动的参与越深，就越能认同组织理念和文化，就越能体现员工在组织中的存在价值，从而达到个人目标服从组织目标的目的。

总之，企业的发展靠的是人才。对企业管理者而言，不要吝啬向员工展示你的真诚、关爱和私人交情。

赫勒法则：
有监督才有动力

动力来源于监督

人们常说，没有压力就没有动力。在现实生活中，也的确是如此。没有人管着你，你就什么也不想做，这都是人类的惰性在作怪。人生来都是喜欢享受的，没有生存的压力，没有别人的监督，就不会有人去拼命工作。其实，人类的发展史就是一部"惰化史"，人类为了活得更轻松自在，更省心省力，发明创造了一系列代替自己劳动的物品，也正是这些伟大的发明使人类社会一步步发展到了今天。人类社会的每一个重大发明，几乎都是在人类的惰性驱使下完成的。所以，我们不得不感谢我们的惰性。但是，这种惰性如果不加以有效地监督，就会泛滥成灾，到时社会就会瘫痪。

每一个当过学生的人几乎都有这样的感受，如果老师第二天不检查作业的话，你这一天就会不想写作业。我们也知道学习不是为了老师，但是如果老师不监督我们，我们就会想玩。这是孩子的天性，也是人类的通性。当然，这其中也不乏一些自控力特别好，或者天生就很勤劳的人。但是在企业中，为别人打工，钱拿得一样多，能少干些就是赚了。很多人都抱有以上的想法，认为给别人打工没必要那么尽力。也正是有这种想法的存在，才会使监工这种职业很早就出现在人类的历史上。有人监督，工作不得不卖力；有人监督，心中就有顾忌，自然就会认真对待工作。没有人检查自己的工作，你不自觉地就会懈怠；如果有人要检查自己的工作，你也会自然地紧张起来。人就是这样奇怪，没人管还不行。

世界两大快餐巨头麦当劳和肯德基都很懂得这个道理。麦当劳有名的"走动式管理"，既让管理人员下到基层体验了第一线的工作，又使员工的工作受到了监督，可谓是一石二鸟之举。管理人员到各店现场指导员工解决问题，不仅能使管理者更加深入地了解这些员工，对员工的工作起到监督的作用，而且当管理者向员工请教、咨询问题时，还会使员工们有一种被重视和尊敬的感觉，这样更加能促使员工积极热情地工作。而肯德基的监督方法更绝。虽然肯德基的国际公司设在美国，但它雇佣、培训了一批专门的监督人员，让他们佯装成顾客，不定时地秘密对全球各个分店进行检查评分。这让肯德基的各个分店的经理和雇员，无时无刻不感觉到一种压力，对工作一点也不敢怠慢。通过这种方式，不仅使肯德基对它的各个分店的情况随时有所了解，而且也大大地促使肯德基的员工们提高了工作效率。

很多时候，公司的管理者总是抱怨公司决策落实起来难，其实这往往是由于公司没有一个有效的监督体系。如果领导把任务布置下去，并能及时对这些任务进行检查，而且对任务的完成程度进行评估，实行相应的奖惩制度，那么决策落实难的问题基本上就不会出现了。可是就怕有些领导把决策一宣布，就不管了，没有检查，没有奖惩，员工们也没有压力和动力，那么决策就只能是一句空话、一纸空文。所以，当公司的决策难以落实时，不要责怪员工的执行力差，而是要从自身找原因，想一想是不是自己的监督工作没有做到位。

有效监督是一种尊重

人们往往认为给对方足够的自由和空间，是对他的尊重；其实有效的监督，也是对人的一种尊重，是对他人劳动付出的一种尊重。干好与干坏都一样，谁还会有干劲呢？有监督，有评比，有奖惩，人们才会有进步的动力。人们都希望自己的付出能够得到别人的认可，有效的监督就是对他人工作的一种肯定，把你当作一个有能力完成本职工作的人，才会对你有所要求，才会对你进行监督，这就是一种尊重。

海尔集团之所以能够取得今日的成就，与其高效的监督管理机制是密不可分的。在海尔集团工作的任何员工都要接受3种监督：一是自我约束和监督；二是互相监督，即小组或团队内成员互相约束和监督；三是专门监督，即集团内专门负责监督的业绩考核部门的监督。而集团内的领导干部除了受以上3重监督外，还得经受5项指标考核。这5项指标分别是自清管理，创新意识及发现、解决问题的能力，市场的美誉度，个人的财务控制能力，所负责企业的经营状况。这5项指标被赋予不同的权重，最后得出评价分数。每个月海尔集团都会对干部进行考核评比，对表现出色的干部进行奖励，对工作出现差错的干部进行批评，即使工作没有失误但也没有起色的干部也被归入受批评的行列之中。而那些在车间里工作的员工,更是每天都要接受考评。在海尔的生产车间里通常都会有一个"S"形的大脚印,这正是为表现不好的员工准备的。每天下班时,车间里的班组长就会对一天的工作进行总结,而表现不好的员工就要当着大家的面站在那个"S"形的大脚印上反省。正是这种严格的监督机制,使海尔上下干部员工对工作都有了很高的主动性和积极性,工作效率也大大提高,人人都不想成为落后的人,都争当先进。同时,海尔还建立了一套有效的激励机制,与监督机制相辅相成。其实,有效的监督也是一种激励,而相应的奖惩,更能促进员工更好地工作。正是这种有效的监督,使海尔不断地走向成功,走向世界。

  有效的监督,不是对员工能力的不信任,而是对员工劳动付出的一种尊重;有效的监督,不是公司对员工的苛责和压迫,而是对员工工作的一种肯定和激励;有效的监督,不是让领导时刻盯着自己的员工,又累又苦地活着,而是要企业自身建立起一套完善的监督体制和奖惩制度。总之,有效的监督是企业发展必不可少的管理手段。

参与定律：
参与是支持的前提

有参与才有支持

每个人都会支持他参与创造的事物。所以想让别人支持你的观点，就让他参与你的构思；想让别人支持你的行为，就让他参与你的行动；想让别人支持你的决策，就让他参与决策的讨论。这是最简单的道理，但在现实中却很少被实行。

现今的企业，大多还是少数几个高层说了算，无论是制定企业的发展方向还是员工的待遇福利，只要高层开个会讨论一下，这件事情就算定了，就开始在企业上下推行。这样就容易出现一些矛盾，比如有些员工对一些制度或决策表示不满，严重的会辞职不干，轻微的也会消极怠工。企业不只是几个人的企业，它的发展关系到在这企业工作的每个人的生活和命运，它是大家的企业，所以企业的每一位员工都应该有发言权和参与权。让每个员工都参与到企业决策的制定中去，会让整个企业上下一心，气氛融洽，战无不胜。

美国阿肯萨斯大学教授莫丽·瑞珀特曾做过一个实验，这个实验是在美国的一个物流公司总部及其分支机构中进行的。实验的内容是对该公司的所有全职员工进行调查，看员工参与度与企业发展的关系。结果证明在制定战略决策时员工参与度高的那一组，对战略决策的认同度也高；而在制定战略决策时员工参与度低的那一组，对战略决策的认同度也低。这就充分说明了，管理者要想让员工朝着企业制定的目标全力奋进，就必须为员工提供明确的战略远景，让员工参与相应的决策制定，这样才会加强员工对战略决策的认同，上下朝着一个方向迈进。同时，当员工参与了企业的决策和管理后，也会对企业产生很高的认同感和满意度，会自觉地认为他是这企业的一员，有一种"主人翁"的感觉，这样就会干劲十足，企业也会获益颇多。

参与是支持的前提，有参与才有支持。不要怕别人会有不同意见，让大家参与到公司的决策和管理中来，会让公司更有活力，会让公司更融洽与和睦，会让公司有更清晰的发展前景。

懂得让对方参与

想说服一个人，或想让某人支持你的决定，那么最好的方法就是让他也参与其中。人与人之间需要沟通和交流，这个世界不是"一言堂"，不是你拍板别人就必须听你的，要懂得让别人心甘情愿地跟随你，要懂得让对方参与到你的计划或决策中去，让他感觉到这不只是你一个人的意见和决定，是你们共同努力的结果。这样，你的计划就很容易成功。

有一位专门负责推销装帧图案的年轻人，就从自己的经历中悟出了这个道理。推销工作，在一般人的眼中就是靠一张嘴说得天花乱坠，"忽悠人"的。其实不然，推销其实是很具挑战和智慧的一种职业。这位年轻人起初到一家公司去推销装帧图案，每次都碰壁，可他从不灰心，一直坚持每星期去一次，有时甚至一星期去几次。但是这样跑了一年多，还是没能与这家公司达成交易，而且这家公司的主管每次拒绝他的理由都是一样的："你的图案缺乏创新，我看还是不能用，对不起……"

一年多的努力，一点收获也没有，年轻人决定要放弃，但是他想在放弃之前，搞清楚自己失败的原因。于是，他又一次出现在那家公司主管的面前，可这次他没有一直介绍和推荐自己的产品，而是恳切地请求主管能给他提点一下，提出自己对这些图案的意见，以便年轻人所在的公司能够做出让主管满意的装帧图案。这位主管接受了年轻人的请求，把自己的一些想法告诉了年轻人。几天后，年轻人带着根据主管的意见修改完成的装帧图案，又去见那家公司的主管。结果，那家公司全部购买了这批装帧图案。

通过这件事情，年轻人明白了一个道理，就是不能强迫别人接受自己的想法，而是要让他们参与创造、设计装帧图案，这样他们就会主动来购买这些"他们的作品"。明白了这个道理后，年轻人的推销工作就如鱼得水，做得越来越顺利了。

其实，这是个很简单明了的道理，只是很多人还不懂得运用。在企业管理中，这个道理更是适用。让员工参与公司的管理与决策，让员工感觉到那些决策是自己的"作品"，那么员工就很容易接受和支持这些决策。而且，员工都是在第一线工作，比那些中层领导更清楚自己的工作和企业的问题。

再如丰田汽车公司，为了鼓励员工参与管理，在总厂及分厂设了130多处绿色的意见箱，并备有提建议的专用纸，每月开箱1~3次，建议被采纳后会对提建议的员工进行奖励。多年以来，丰田一直坚持这样的做法，对那些对企业非常有帮助的合理化建议，奖金更是高达数十万日元。就算建议未被采用，公司也会给予500日元的"精神奖"以鼓励大家多提建议。正是这种让员工普遍参与决策和管理的氛围，使丰田公司越来越强大，后来更是成为日本汽车制造业中规模最大、产量最高的公司，并挤进世界汽车工业的先进行列，一跃而成为世界第二大汽车生产商。

这就是参与的力量，懂得让对方参与到你的计划中来，你会收获意想不到的成功。

德尼摩定律：
先"知人"，再"善任"

恰当安排员工的位置

古语有言："橘生淮南则为橘，生于淮北则为枳。"自然界如此，人亦是如此。"凡事都应该有一个可安置的所在，一切都应该在它该在的地方"，这个论断因为在管理领域的广泛运用而成为了著名的"德尼摩定律"。因此，对于管理者而言，如何恰当安排员工的位置，就显得尤为重要。

每个人只有在最适合他的位置上站住脚，才能充分发挥出他的才能，为公司创造最大的价值。但是，每个人心目中对"最适合"这一概念的定义都有不同的见解，那又怎样确定一个位置是适合这个员工，还是适合其他的员工呢？

带着同样的好奇心，管理学家们也做了大量的努力，综合了各类性格的人群的观点。总的来说，如何将合适的员工安排到合理的岗位上去，主要应从以下几个方面考虑：

第一，看工作的领域和性质是否符合员工的价值观

价值观，通俗地说，就是指一个人判断周围的客观事物有无价值以及价值大小的总评价和总看法。每个人都有属于自己的价值观，与性格相似，一旦确立，便具有一定的稳定性。安排工作也一样，管理人员就要根据这一点进行人员的合理调配。比如，学广播主持专业的人员，大多会认同传媒方向的价值观与专业文化，如果让他去广告部就职，那么，面对那里大量的设计策划事务，他将会觉得自己无用武之地。因此，专业领域是否对口是安排员工首要考虑的问题。

第二，要看员工的个性与气质能否在工作中得到很好的发挥

当帮助员工确定了适合他们的工作方向，也就是确定了他们今后发展的大方向，接下来要考虑的就是，在公司内部，什么样的具体职务才适合这些员工。如果某个人严谨认真，安排他做行政或者助理类的工作将比较合适；如果某个人富有创意，把他安排到营销策划类的工作中将是一个不错的选择；如果某个人精通管理，懂得用人之道，那么可以先任命他做一个小的团队的领导人，慢慢培养提拔。总之，管理者要让员工在最适合的岗位上就职，这样不仅是为员工的长远发展负责，也是为公司利益负责。

德尼摩定律告诉我们的道理很简单，位置有很多，但每个人最适合的却只有一个。因此，确定最佳位置很关键。

如何实现"知人善用"

管理，从宏观角度来说，无非就是考虑两大群体：管理人员与被管理人员。做好这两方面的工作，使得领导与员工都能够在各自的工作岗位上各司其职，那么管理自然也就发挥出了它的最

大效力。德尼摩定律也是如此，员工要认清自我，寻找最适合自己的行业与职位，领导更要帮助员工去找到那个最适合位置。

首先，管理者要熟悉自己手下的员工。德尼摩定律告诉我们，每一位员工，尽管在生活习惯、教育程度、个人喜好、价值观等方面存在着或多或少的差异，但是却有着一个共同点：都有一个他最适合的位置。在当今文化多元化的时代浪潮中，领导负责的部门有很多，而要安排的员工也有很多。只有让员工与岗位进行最优的匹配，才能让每个员工发挥最大的效用。

在了解了手下员工的各方面的特点之后，对于企业的领导来说，就要体现出发掘人才的才能了。德尼摩定律就是在强调知人善用。什么叫知人善用？先去了解一个人，知道了他有什么性格，有什么喜好，有什么优点和缺点，怎样调动他的积极性，将他放在什么位置上最合适，等等，然后再考虑尽用其才，为公司赢利。需要强调的是，管理者在指导员工选择职位的时候，就要确保它的稳定性。既然选择了，就要让员工在岗位上踏踏实实地干出一番业绩，不能轻言放弃，更不能三天两头地调换员工的工作。而应该在让员工在最适合自己的广阔天地中尽情挥洒自己的才情与汗水。

真正具有高素质的管理领导者不必事无巨细，事必躬亲，只要合理安排人员，在宏观上进行指挥调控就可以了。如果能充分发挥每位员工的积极性和才能，那么事业成功就只是时间早晚的问题。

知人善用，说起来似乎很容易，真正实施起来，却需要注意很多细节上的问题。管理者要按照员工的特点和喜好来合理分配工作，让最合适的人做最合适的工作。然而，金无足赤，人无完人，再优秀的人也会有他的软肋。因此，对于管理者来说，只要能够扬长避短,最大化其优点,最小化其缺点,就可以让人才为自己所用,为企业创造价值。例如,在招聘的员工刚入职的时候,先让员工自己挑选最能发挥自己专长的职位。管理人员根据员工的选择情况再进行合理调配,使职员各得其所。这样,既满足了员工的个人喜好,又能最大限度地发挥他们的聪明才智,有效地利用人才资源,从而使员工更好地为公司工作,在施展了自己才能的同时,也为公司创造了最大的效益,实现双赢。

但是,人才并不是与生俱来的,人才也会犯错误,更需要时间来成长、完善自我。因此,管理者要耐心地去慢慢培养、鼓励。只有这样,才能让众多员工在成长的过程中获得一种归属感、满足感与成就感,产生一种对组织认同的向心力。人心齐,泰山移。有了凝聚力,企业就能无坚不摧。

站在史学的角度看,刘邦是历史上的一代君王;而如果站在管理的角度看,刘邦是一位懂得知人善用的高层管理人士。他作为一个团体的核心人物,安排韩信带兵出征,张良负责做军师出谋划策,萧何确保后方的稳定,各方面都安排得井井有条,从而成就了他的一番霸业。

长久以来,德尼摩定律都在有意无意中影响并指导着我们的生活。相信每一个人都存在着不同方面的潜质,没有真正无能的人,只有不会使用才能的人。

第八章 两性关系的秘密

吸引力法则：
指引丘比特之箭的神奇力量

人海茫茫，偏偏喜欢相似的"你"

电影《秘密》在全球的广泛关注下，造就了同名书籍《秘密》的诞生及热销。《秘密》一书出版没多久，便横扫美国、澳大利亚、加拿大、英国等多个国家的各大图书市场，如今，它在中国图书市场也是赫赫有名。《秘密》为何会如此吸引人呢？里面究竟有什么秘密？答案就是，它揭示了神奇的"吸引力法则"！

如果有人问你："为何选择现在的她/他作为你的另一半？""你喜欢的人通常要具有哪些特征？是漂亮，是帅气，是聪明，还是有钱？"想必你很难说出具体的答案，但却能肯定地回答："大家在一起很合得来。"

这是为什么呢？心理学研究表明，我们通常喜欢的人，是那些也喜欢我们、跟我们合得来的人。也就是说，你的另一半不一定很漂亮，或很帅气，或很聪明，或者很有钱，但他一定是很喜欢你，你也很喜欢他，你们彼此合得来，也就是我们前面说的吸引力法则。

也许你会问："我们为什么偏偏喜欢那些喜欢我们、跟我们合得来的人呢？"这是因为，喜欢你的人能使你体验到愉快的情绪。一想起他/她，就会想起和他/她交往时所拥有的快乐，一看到他/她，你自然就有了好心情。你们双方比较有默契，或者叫很有"灵犀"。而且，因为他/她喜欢你，对你自然持肯定、赏识的态度，从而使你受尊重的需要得到满足。正所谓："什么是好人？——对我好的就是好人。"

看过电视剧《一帘幽梦》和《又见一帘幽梦》的朋友，想必都对紫菱与楚濂、费云帆之间的爱情纠葛印象极其深刻。那我们就以这个例子，看看爱情中的吸引力法则。

先说紫菱与楚濂。在紫菱不知道楚濂喜欢自己的时候，始终不敢暴露自己对楚濂的好感；当楚濂向她表白心意的时候，她的爱意自然如水倾泻。两人互相喜欢，互相吸引，以至于即便有绿萍横于其间时，仍旧彼此牵挂。不过，可惜的是，他们受到太多外界因素的影响，最终未能走进婚姻的殿堂，永结同心。

尽管与楚濂分开令紫菱痛苦不堪，但这也给了紫菱一个新的爱情发展机会——费云帆。很多人好奇，紫菱那么爱楚濂，为何还会接受费云帆呢？其实，这还是要到吸引力法则上来找答案。在紫菱最痛苦的时候，费云帆用他无微不至的体贴、精心的呵护、超级的罗曼蒂克，深深地感染着紫菱，使紫菱不知不觉也陷入了对费云帆的喜欢之中。既然与楚濂不可能复合，嫁给如此喜欢自己的费云帆也许是最好的选择。紫菱的选择不仅符合常理，也很符合人的心理。在感情上,双方的喜欢一旦建立,久而久之,很容易巩固并发展。这也是绿萍与楚濂离婚后,紫菱仍选择留在费云帆身边的原因,因为,他们已经从喜欢升华到了彼此相爱。

心理学还认为,当人们发现一个人非常喜欢自己时,不管对方客观情况是怎样,是否具有让自己喜欢的特点,往往都会无条件地喜欢上对方。人们大概是想象,既然对方喜欢自己,那他/她一定是在某些方面和自己相似,认可自己的为人和某些特点,那么,自己又有什么理由不同样喜欢对方呢?

要知道,实际生活中,几乎没有人是完全自信的,因此,大多数人都特别需要别人对自己的肯定。这样一来,那些喜欢我们的人,通过对我们的肯定、追求等,便为我们喜欢他们打下了良好的基础,最后步入双方互相喜欢的状态也算是水到渠成。

"关注"并"吸引",将爱情进行到底

关于吸引力法则,它另一个层面上的含义就是你关注什么,就会吸引什么,什么就会靠近你。所以,想获得真诚、永久的爱情,想将自己的爱情进行到底,一定不要灰心,要时刻对你的爱情抱有希望。

通常,实现这种积极的关注和希望,可以通过以下六个方面进行:

第一,明确你想要的爱情是什么。在你设想甜蜜的情侣关系或美满的夫妻关系之前,你应当知道这对你意味着什么。不要错误地定义你理想的对象是多么特别的人,而忽略了自己所渴望的生活的真实本质。进一步明确你想要的,是感受、情感还是体

验。然后，画出那张"脸"。

第二，用你希望的被爱方式来爱自己，为自己说些自己喜欢的话，做些自己向往的美好的事情。要知道，当你善待自己的时候，别人往往会用同样的方式善待你。

第三，用你希望被爱的方式去爱别人。要想为你渴望的爱情关系打下一个坚实的基础，就要用你喜欢被爱的方式去爱别人。因为人与人之间是相互的，吸引也是相互的，你渴望得到爱，就要学会付出你的爱。这是获得美满爱情的另一个有效办法。

第四，如果你对当前的爱情不满意，审视一下自己，是不是经常空谈自己的伴侣。有可能你无意识地就将自己的伴侣限定了，总是想着他从前是什么样子，而没有为他可能改变的形象留有思维空间。如果是这样，快回到现实中来吧！

第五，敞开你的心扉，放开你的思想。随时触摸你内在的想法，包括你的情感、内在的感受和直觉，并尊重它的指引，正如歌中所唱："跟着感觉走，让它带着我，心情就像风一样自由……"

第六，放弃没有意义的事物。为了迎接你美好的期望，如一段浪漫的爱情，天长地久的婚姻等等，你一定要抛开使你情绪低落的事物，把所有让你感觉不好的事物统统抛弃。这样，你才能"腾出空间"，让生活为你带来一些更好的事物。

事实上，人海茫茫，两个人真正走到一起，并能一直携手走到人生的尽头，除了保持彼此在生活、感情上的积极期望外，还要注意保持自身的吸引力，或者提升自身的吸引力。

任何时候，微笑都是保持吸引力的良方。无论在婚前，还是在婚后，你的微笑往往胜过千言万语，总会让对方心情愉悦。

还有，在对方需要的时候，你要学会倾听。无论他是烦闷，还是极其高兴,认真听听他的心里话,这样利于你们有更深层次的共识。

　　此外,最好不要在对方面前提你的旧情人,因为那样很容易伤到你现在的另一半。

视觉定律：
女人远看才美，男人近看才识

女人要远看，男人要近看

女人是水做的，"可远观而不可亵玩焉"，远远地看着，像画一样；每天对着，就缺乏了新鲜感。这就是距离的力量，有距离才能产生美。俗话说："看景不如听景。"从来没有真正近距离的接触，只是远远地听别人描述那优美的景色，你的想象会比那描述更美上10倍；一旦你去了，真正近距离地欣赏了那听到的美景，你会发现根本不是你想的那样，与你以前看过的风景比起来也没有特别之处。其实，不是那些地方不美，是你想象的景色过于美，美到并非人间所有，理想与现实的落差，让你失望了。美女也是一样，从来没有近距离地接触过，只敢远远地看着，她在你心中会越来越美。当有一天，她成为了你的朋友或女友，你天天那么近地看着她，你会发现她与别的女人也没有多大差别，长得也不是那么的漂亮。所以，老人们常说："长得好看的人越看越一般。"说的就是这个道理。

男人是要近看的，不与他深入接触，你永远也看不到他真正的思想光辉。不要轻信男人的那些花言巧语和夸夸其谈，要真正地与其进行内心交流，才能看出他是否真的有内涵。

十全十美的白马王子在现实生活是不存在的，但真正的好男人这个世界上并不少，少的只是发现。什么样的才算是好男人？千人千面，万人万解。但无论是什么样的男人，都只有真正地接触后才能识其真面目。思想是一个男人最强的隐蔽力量，是做人的智慧与谋略。男人有思想，才能积极主动地创造成功的机会，寻找生活中的快乐，从而打造丰富多彩的人生。女人要看懂一个男人，就要深入到他的思想中，不然就无法见识他的全部魅力。

男人不是因为他生来是一个男性，就称得上一个男人了。一个男人有时候只有在一个女人的身边，才可能完整地展示出属于男人的阳刚。有些男人善于卖弄，华而不实，如果你仅被他的外在表现迷惑，那就离危险不远了。男人可以不漂亮，但不能没有思想，没有品质，没有责任心。

女人要远看，是从美学角度来说的；男人要近看，是从现实角度来考虑的。人总是会把自己最美好的一面呈现在大家面前，但有些男人不懂得表现，他们总是把自己最美的思想藏得很深，这就需要独具慧眼的女性去挖掘宝藏了。女人是美的化身，但人无完人，每个女人身上多少都有些坏毛病，不要拿你理想中的女神来要求她们，这样你会发现每个女人都是美的。

欣赏男人往往需要时间去发掘，男人对家庭、对社会影响很大，所以造成的危害也大，只有深入了解男人的思想，才能看到他的全部。善于卖弄的男人最初或许会令女人着迷，但是他们无法给予女人持久的爱情。

远近得当，才能生活融洽

有距离，才有美感。很多婚姻的触礁，原因就在于妻子和丈夫走得太近；恋爱中出现问题，很多也因为双方整天黏在一起。太近的距离，让双方的缺点暴露无遗，少了那种朦胧的美感。

男人爱女人，很多是因为女人的美貌，但过日子不是只靠脸就行的。只有美丽的内在，才能真正长久地抓住一个男人的心。

女人如书，容貌是书的封面，气质是书的内容。有的女人仅有漂亮的外貌却缺乏内涵气质，这样的书尽管封面装帧很漂亮，但并不具有可"读"性；相反，既有美的外貌又有美的气质的女人才是既可观赏又耐品读的珍品书。所以，把你用来美容打扮的时间，分一半用来装饰内在，岂不是更好？这样无论远看近看，你都是美丽的女人。

当然，这是针对女人自身修养来说的。另外，男士们还要与妻子保持一定的距离，不要让双方离得太近，也不要对妻子的缺点过于苛刻，她本来就不是"天外飞仙"，你不能用你以前幻想的那个完美形象来要求自己的妻子，这样不公平。给双方一点空间，懂得欣赏妻子的优点，这样才会让生活更融洽。

对于男人来说，好男人是不能用统一标准来划分的。同样的特性放在这个男人身上是优点，放在那个男人身上可能就是缺点了。世事的不确定与变化，使人们的性格千奇百怪，世界也变得多姿多彩。也许一个男人会因为少了聪慧多变而成就了他的敦厚质朴，也许一个男人会因为心地善良而事业无成。

男人如书，从外观上讲，书有厚薄之分，有装帧堂皇与简约之别，男人也有魁梧与矮小、俊朗与猥琐之别；从内容上说，书分高雅和平庸、厚重与浅薄，男人更有内涵深厚与空有一副外表之分。男人如书，有的可以终生为伴，相濡以沫；有的只能默默祝祷，遥遥相望；有的则唯愿此生不与之谋面。读书是需要时间的，好书多读才能懂。

因此，男女双方要学会欣赏与被欣赏，要懂得保持最适当的距离来欣赏和被欣赏。俗话说，金无足赤，人无完人。完美只是相对的，唯有缺憾才是绝对的。欣赏他人的时候，要懂得找到最佳的距离；被欣赏时，也要尽量保持最佳距离，该远则远，该近则近。

《圣经》中上帝对男人和女人说："你们要共进早餐，但不要在同一碗中分享；你们要共享欢乐，但不要在同一杯中啜饮。像一把琴上的两根弦，你们是分开的也是分不开的；像一座神殿的两根柱子，你们是独立的也是不能独立的。"

这段话形象地说明了婚姻关系中的两个人的韧性关系，拉得开，但又扯不断。谁也不能过度地束缚对方，也不能彼此互不关心。有爱，但是都在适度的范围之内，这才是和谐的婚姻。可是很多人似乎并不能体会到婚姻的真谛，在他们眼里，对方身上有很多缺点，他们常常试图通过各种途径让对方改掉坏习惯，可是习惯是日积月累形成的，当然不会轻易改掉，于是夫妻之间的矛盾就产生了。

夫妻之间产生争执的主要原因，是他们把婚姻当成一把雕刻刀，时时刻刻都想按照自己的要求用这把刀去雕塑对方。为了达到这个理想，在婚姻生活中，人们当然就希望甚至迫使对方摒除以往的习惯和言行，以符合自己心中的理想形象。但是有谁愿意被雕塑成一个失去自我的人呢？于是，"个性不合""志向不同"就成了雕刻刀下的"成品",离婚就成了唯一的出路。

要知道,婚姻不是一个人的付出,只有两个人同心协力,才能维护好一个温暖的家。可是并不是所有的人都能注意到对方的付出,甚至有的人会把对方的付出看作是理所当然的。如果对方稍微有什么地方做得不好,就加以指责,这样的做法无疑会伤害了对方的心,会让他觉得一切的努力都付之东流了。

爱一个人,就应该让他感觉到幸福,而不是要给他原本疲惫的心灵增加新的创伤。所以,在夫妻生活中,一定要相互扶持,相互欣赏,相互鼓励。虽然因为个性的不同,两个人没有办法完全融为一体,但是一定要让对方感受到你的存在,让他体会到你对他的欣赏和爱护。在他犯错的时候,给予善意的提醒,而非指责,有时候一个善意的眼神也会让对方觉得很温暖;在他犯傻的时候,给予适当的爱抚,告诉他"你真可爱",一句看似不经意的话语,却可以激起爱的涟漪,让对方感受到你的体贴。

每个人都会有缺点,但是相爱的人,却能在对方的缺点中找寻闪光点,在对方的不足中寻找到内心的满足。欣赏的眼光,总是能让爱情变得更甜,让婚姻变得更美。

麦穗理论：
不求最好的他（她），但求最适合的他（她）

走进麦田，面对选择却又难以选择

我们总是渴望完美的爱情，所以习惯于在一道道通向幸福的门前一次又一次的犹豫与彷徨。因为不能回头，于是我们的心中充满了矛盾，很怕自己错过的就是最好的，又总觉得后面的路还很长，应该还会有更好的。就这样，原本属于我们的爱情最终化作了别人的婚姻。

在心理学中，这种现象就是"麦穗理论"的反映。这一理论，来源于下面这样一个故事。

伟大的思想家、哲学家柏拉图问老师苏格拉底什么是爱情。苏格拉底就让他先到麦田里去摘一棵全麦田里最大、最金黄的麦穗来，只能摘一次，并且只可向前走，不能回头。

柏拉图于是按照老师说的去做了，结果他两手空空走出了麦田。老师问他为什么没摘。他说:"因为只能摘一次,又不能走回头路,其间即使见到最大、最金黄的,因为不知前面是否有更好的,所以没有摘。走到前面时,又发觉总不及之前见到的好,原来最大、最金黄的麦穗早已错过了,于是我什么也没摘。"

老师说:"这就是爱情。"

之后又有一天,柏拉图问他的老师苏格拉底什么是婚姻。苏格拉底就叫他先到树林里,砍下一棵全树林最大最茂盛的树,同样只能砍一次,同样只可以向前走,不能回头。

柏拉图于是照着老师说的话做。这次,他带了一棵普普通通,不是很茂盛,亦不算太差的树回来。老师问他:"怎么带这棵普普通通的树回来?"他说:"有了上一次的经验,当我走了大半路程还两手空空时,看到这棵树也不太差,便砍下来,免得最后又什么也带不出来。"

老师说:"这就是婚姻!"

在数不清的麦穗中寻找最大的麦穗几乎是不可能的,所谓"最大的"往往也是在错过之后才能知道。在无数次的擦肩而过之后,我们的心可能已经疲惫,于是在简单地比较之后,匆忙地做出了选择,而这个选择其实未必真的是最好的。命运就是这么地爱捉弄人。

其实,柏拉图的困惑也是我们的烦恼,完美的爱情和婚姻是很难得到的,对于大多数人来说,童话般的爱情只是奢望。当我们想使用一件东西的时候,翻遍了家里的每个抽屉都找不到;在我们不需要它的时候,它却不经意地出现在我们的面前。造物主有捉弄人的本性,爱情也是如此。当我们把对爱情的期望一条一条写在纸上,然后热切地盼望爱情出现的时候,爱情总是绕身而过，不是和这个人志趣不投，就是和那个人激不起爱情的火花。找到心目中最理想的恋人是可遇不可求的事情，因而很多人是勉强走到一起的。

其实，生活从来没有最优解，也没有最满意解，只有相对满意解。选择伴侣，对你我来说都是一件神圣而又谨慎的事情，婚姻也可以说是我们的第二次生命。俗话说得好："男怕入错行，女怕嫁错郎。"每个人都想找到自己的白马王子或者白雪公主，但是生活总是存在偏差，就如同你在麦地里摘了麦穗出来后，总会发现会有比手中的麦穗大的一样，和我们共度一生的那个人，很可能不是我们最爱的那个，但是，也不是我们最讨厌的那个。

找一个自己喜欢并适合自己的人共度一生是一件非常幸福的事情，但这样的概率很小。如果用我们的一生去等待，我们也许会找到最适合自己的那个人，但是谁又能有勇气用一生去等待呢？既然不能，我们就要珍惜手里的麦穗，正像一句广告词说的那样："我选择，我喜欢！"

穿越麦田，在心灵的交融中找到归宿

人生就正如穿越麦田，只走一次，不能回头。要找到属于自己最好的麦穗，必须要有莫大的勇气并付出相当的努力。要想拥有最完美的婚姻，就不能盲目草率地做决定，但是犹豫不决，又只会错过一次次机会。只有在恋爱征程中，积累阅历，磨炼感情，了解自己真正需要什么，这样才能找到真正适合自己的人生伴侣。

也许上天故意让我们在遇到生命中的天使之前，遇到几个有缘无分的人，在我们多次的彷徨之后，才能学会珍惜这份迟来的礼物。一次又一次地与缘分擦肩，一切的冲动、激情、浪漫都慢慢消失，而有一个人始终占据着你心里最重要的位置，你对他的关心及牵挂丝毫未减。那便是爱了。

爱一个人并不需要太多的理由，也许他不是最优秀的，也许她不是最漂亮的，但他/她一定是最适合你的，因为他/她最懂你的心。爱情是两颗心的交融，是情与情的交流，是爱与爱的沟通。爱情是在寻找一个心灵的归宿，无论是男人还是女人，在自己还懵懂、情窦初开的时候，就在自己的心灵深处悄悄勾勒出自己的"另一半"，而它就像影子一样紧紧地依附在自己的灵魂上，要伴随着自己走完一生，根深蒂固。爱情固有的魅力和感召力是外在条件所无法左右的，当一个人在你心里扎了根，便再也消失不了了。

我们在寻找伴侣的时候，不要把心目中的"麦穗"想象得太过完美，择偶目标要切合实际，绝不能一挑再挑，非要找到最好的不可。当然，也不要过分注重外在条件，如相貌、金钱、地位、学历等。爱情是纯洁的，纯洁得容不下一点杂质。我们常常为了寻找理想中的爱情，自以为是地设置了许多标准。找寻的过程是漫长的，或与相貌结伴，或与财富同行，他们以为用这些可以培养爱情。可当时间渐渐流逝的时候，他们发现爱情一点点地消失，曾经幻想的美景化作一片云，被时间的清风吹散。时间能够吹去爱情的杂质，却吹不走爱情的本质，心灵伴侣才是一生的伴侣。

俗话说"金钱可以买来女人，却买不来爱情"，就在于爱情它不是商品，自然就不能用钱来进行交易。相貌、财富、心情……都会随着时间的流逝而改变自己原来的状态，唯有爱情，其纯洁的本质是不会改变的。在西方的婚礼上，神父对每一对新人都会问同样的一个问题：不管生老病死，你都愿意一生照顾她……我想这就是爱情的意义。当你遭受挫折，当你一无所有，当你白发苍苍的时候，看着陪在你身边不离不弃的人，你就知道了什么是爱情。

爱情一旦错过，就不会重新来过。当丘比特之箭射中我们的时候，我们一定要紧紧抓住箭的另一端——我们的爱人。遇到合适的人，彼此可以融洽地生活，简单也好，复杂也罢，就别再犹豫，牢牢地抓住他/她，在相依相守中获得真正的爱情。

第九章 生活法则

酸葡萄甜柠檬定律：
只要你愿意，总有理由幸福

透视狐狸的酸葡萄心理：快乐是自找的

《伊索寓言》中有这样一个家喻户晓的故事：一只饥饿的狐狸路过果林时，发现了架子上挂着一串串簇生的葡萄，垂涎三尺，可自己怎么也摘不到。就在很失望的时候，狐狸突然笑道："那些葡萄没有长熟，还是酸溜溜的。"于是它高高兴兴地走了。事实上，葡萄还是没吃到，狐狸仍是饿着肚子，但一句自我安慰，却让他走出了沮丧，变得快乐起来。

寓言中的狐狸，通过自我安慰，没吃到想吃的葡萄也很开心，属于典型的酸葡萄心理。这种心理，属于人类心理防卫功能的一种。当人们的需求无法得到满足时，便会产生挫折感，为了解除内心的不悦与不安，人们就会编造一些理由自我安慰，从而使自己从不满等消极心理状态中解脱出来。

实际生活中，酸葡萄式的自我安慰比比皆是。例如，没有找到男女朋友的单身族，常常会说："一个人最好，多自在啊"；没考上名牌大学的人，常常会说："读名校有什么好，竞争那么激烈，早晚会累到变态"；有些人考试刚刚及格，而同桌却得了优秀，于是就酸溜溜地说："一看就是抄袭，投机取巧，没什么了不起的。"

与"酸葡萄"心理相对应的，还有一种"甜柠檬"心理，它指人们对得到的东西，尽管不喜欢或不满意，也坚持认为是好的。就好像一个人拿着青青的、没熟的柠檬，明知柠檬熟透了才甜，但因为手上只有没熟的，就偏说自己这个柠檬味道一定很好，会特别甜。何况有柠檬总比没有的好，同样是内心的一种自我安慰。

现实中，人们的"甜柠檬"心理同样比较普遍。例如，你买了一双鞋子，回来后觉得价钱太贵，颜色也不如意，但你和别人说起时，你可能会强调这是今年最流行的款式，质地是纯高档皮料，即使价格贵点也值得。还有，虽然你知道自己的男朋友有不少缺点，但在外人面前，你往往喜欢夸奖他的优点。

关于"酸葡萄甜柠檬定律"，心理学上有一个有趣的实验对此进行了间接的证明。

心理学家招募了一定数量的学生来从事两项枯燥乏味的工作。一件是转动计分板上的48个木钉，每根钉子顺时针转1/4圈，再逆时针转回，反反复复进行半个小时。另一件是把一大把汤匙装进一个盘子，再一把把地拿出来，然后再放进去，来来回回半个小时。

学生们完成工作后，分别得到了 1 美元或 20 美元的奖励，同时，心理学家要求他们告诉下一个来做实验的人这个工作很有趣。

结果发现，与一般的预期相反，得到 1 美元奖励的人反而认为工作比较有趣。

其实，这在一定程度上证明了，人们对已经发生的不满意或不好的事情，倾向于通过自我安慰，把事情造成的不愉快等消极影响减轻。

通过这个定律，我们可以发现，对于同一件事，如果从不同的角度去看，结论就会不尽相同，心情也会不一样。例如，当你失恋时，与其沉浸在过去的痛苦烦恼中，不如想一想，下一次遇到的人会比错过的这个好很多；当你遇到挫折时，可以想想"失败乃成功之母"，从失败中吸取教训也是一种收获；当遇到丢东西等倒霉事时，不妨想想"塞翁失马，焉知非福"……要知道，现实中几乎所有事情都存在积极性和消极性，如果你只看到消极的一面，只会令自己陷入低落、郁闷之中；相反，如果换个角度，从积极的一面去看，一切也许就会豁然开朗。

幸福，要保持适度的阿 Q 精神

读过鲁迅先生著作的人，对于酸葡萄甜柠檬现象，很容易联想到鲁迅先生笔下的阿Q。众所周知，阿Q有一种独特的精神胜利法，即所谓的"阿Q精神"。例如，阿Q挨了假洋鬼子的揍，无奈之余，就说"儿子打老子，不必计较"，来自我安慰一番，也就心平气和了。

虽然阿Q的自欺欺人心理，过去一直成为人们的笑谈，甚至遭到否定、批判。然而，不少心理学家认为，适度的精神胜利法在心理健康方面是非常有价值的。如果我们懂得合理运用阿Q精神，往往会让自己增加不少幸福感。

生活中，我们每个人都会遇到这样那样不愉快的事，而且很多事情是我们无法左右或改变的。也许你要问，既然如此，我们应该怎么办呢？难道就要为此一味地痛苦、哀伤吗？事实上，在这时候，我们不妨使用一下阿Q精神，安慰一下自己，对于心理调节可能非常有效。美国前总统罗斯福就是一个很好的例证：

有一次，美国前总统罗斯福家中被盗，他的朋友写信来安慰他。他在回信中说："谢谢你来信安慰我，我现在很平安。感谢上帝，因为贼偷去的是我的东西，而没有伤害我的生命；贼只偷去我部分东西，而不是全部；最值得庆幸的是做贼的是他，而不是我。"

可见，像罗斯福那样，遭遇不幸时，我们若换一个角度去看，心情显然就不一样了。曾有人说过："我因为没有一双像样的鞋穿而苦恼不堪，直到我在街上看到一个人——他没有了双脚。"没错，当"没鞋"的时候，如果想到"没有脚"的人，我们的痛苦和烦恼就显得微不足道了。

不过，无论酸葡萄还是甜柠檬，在某种程度上讲都是一种消极的心理防御方式，就像是一副止痛药，虽能暂时缓解心里的痛苦，但往往会有一些副作用。例如，"酸葡萄"心理的人说别人不好，很容易影响人际关系，给他人一个"小人"的形象；而"甜柠檬"心理则容易让人安于现状，不思进取。

那么，如何才能把握好自我安慰的度，做到无副作用地自我安慰呢？

　　一方面，当遇到挫折或不幸而万分苦恼时，我们应当冷静地分析问题的起因，不要完全陷入"自我"的状态，试着从"旁观者"的角度，客观地寻求解决问题的方法，正所谓"旁观者清"。

　　另一方面，如果与他人发生冲突或分歧没法解决，觉得一时间想不出什么解决方法，这时，千万不要放弃，不到最后一刻，不要提前为自己贴上"不行"的标签。我们可以采取"位置调换法"，即从对方的角度出发来考虑问题，经过协商、权衡，最终与对方达成谅解。

　　聪明的幸福者，既要会运用阿Q精神，又要懂得适度运用。

因果定律：
种下"幸福"，收获"幸福"

活在当下，让今天成为明天的幸福理由

著名哲学家培根曾说过："懂得事物因果的人是幸福的。"正如同"物有本末，事有终始""种瓜得瓜，种豆得豆"的道理一样，如果我们想收获幸福，先要种下幸福的种子。

如果你觉得生活沉闷，就应该检查一下自己付出了多少。从来没听人说："我天天早睡早起，经常做运动，不断充实自己，培养人际关系，并且尽心尽力地工作，然而生活中却没有一件好事。"生活是一个因果循环系统，如果生活中一点好事都没有，那就是你的错了。只要你了解你的现状是自己一手造成的，你就不再会觉得自己是受害者。

也许你会反驳说："生活中，有的人过着平淡的日子，同样感觉很幸福；而有的人成绩斐然，却觉得幸福离自己很遥远。明显不符合因果定律。"其实，之所以出现这样看上去似乎因果相

悖的现象，是因为幸福感是一种非常主观的情感体验。

美国知名心理学家、宾夕法尼亚大学教授马丁·瑟里格曼表示，幸福=快乐+意图+参与。他告诉我们，幸福并不是空等来的，不是被动地期盼来的，而是需要你具有快乐的能力，获取幸福的意图，并能积极地参与。如果你觉得自己现在还不够幸福，那就该清醒地审视自己了。要知道，一味地抱怨或叹息过去根本毫无意义，与其低落、萎靡，不如珍惜当下，积极生活，让"今天"成为"明天"的幸福理由。

小莉是某外企的主管，从大学毕业到晋升为主管仅仅用了两年的时间。无论是工作时间，还是下班回家，她的脸上总洋溢着甜甜的微笑，同事们对她羡慕得不得了。有人好奇，便问小莉："你怎么每天都是一副积极向上的样子？感觉你天天都非常幸福。"小莉笑着答道："因为我每天都告诉自己'我是积极的，我是快乐的'。"

我们不妨像小莉那样，通过自我暗示的方法，告诉自己"我是积极的，我是快乐的"，从意识上就让自己的每一天都过得积极。

其实，无论生活是平淡、是忙碌，或是没有理想中的好，都要从中给自己找一个幸福的理由。例如，昨晚做了一个好梦，今天是个阳光灿烂的好天气，刚刚做了一个漂亮的新发型，工作上感觉到一些进步，朋友的一个问候……这些小小的幸福连缀在一起，就像一条幸福的珠链，将令你的日常生活滋润、充实而美好，同时，也会让你的思想走向积极的一面。

此外，人们都认为法国人的幸福感很强，这主要是由于法国是艺术之都，人们将艺术家气质注入生活，用艺术之美点染人生。众所周知,每个艺术家在创造作品时,感受着来自生命本身的创造乐趣,所以欣赏这些作品的人可以同创造者产生共振、共鸣。当你从忙碌的工作中偷得浮生半日闲,不妨将自己置身于艺术的海洋,可以从画作缤纷的色彩、雕塑充满美感的线条中感悟世界之美、艺术之美,从而体味生活中的幸福感。

善待他人就是善待自己

从因果定律出发,除了善待自己会得到幸福外,善待他人也会得到幸福。对他人友善,就是种下幸福的种子,待到种子开花结果,自己也就收获了幸福。

有一天,一个贫穷的小男孩为了攒够学费正挨家挨户地推销商品。劳累了一整天的他此时感到十分饥饿,但摸遍全身,却只有一毛钱。怎么办呢?他决定向下一户人家讨口饭吃。当一位美丽的女孩打开房门的时候,这个小男孩却有点不知所措了,他没有要饭,只乞求给他一口水喝。这位女孩看到他很饥饿的样子,就拿了一大杯牛奶给他。男孩慢慢地喝完牛奶,问道:"我应该付多少钱?"女孩回答道:"一分钱也不用付。妈妈教导我们,施以爱心,不图回报。"男孩说:"那么,就请接受我由衷的感谢吧!"说完男孩离开了这户人家。此时,他不仅感到自己浑身是劲儿,而且还看到上帝正朝他点头微笑。

其实,男孩本来是打算退学的,但喝完小女孩送给他的那满满一杯牛奶后,他放弃了这个念头。

数年之后,那位美丽的女孩得了一种罕见的重病,当地的医生对此束手无策。最后,她被转到大城市医治,由专家会诊治疗。

当年的那个小男孩如今已是大名鼎鼎的霍华德·凯利医生了,他也参与了医治方案的制订。当看到病历上所写的病人的来历时,一个奇怪的念头霎时闪过他的脑际,他马上起身直奔病房。

来到病房,凯利医生一眼就认出床上躺着的病人就是那位曾帮助过他的恩人。他回到自己的办公室,决心一定要竭尽所能来治好恩人的病,从那天起,他就特别地关照这个病人。经过艰辛努力,手术成功了。凯利医生要求把医药费通知单送到他那里,在通知单上,他签了字。

当医药费通知单送到这位特殊的病人手中时,她不敢看,因为她确信,治病的费用将会花去她的全部家当。最后,她还是鼓起勇气,翻开了医药费通知单,旁边的那行小字引起了她的注意,她轻声读了出来:"医药费——一满杯牛奶。霍华德·凯利医生。"

恐怕连小女孩自己都不敢相信,就是当年一杯满满的牛奶,在数年后挽救了自己的生命。现实生活中,很多人活一辈子都不会想到,自己在帮助别人时,其实就等于帮助了自己。一个人在帮助别人时,无形之中就已经投资了感情,别人对于你的帮助会永记在心,只要一有机会,他们会主动报答的。

所以,任何一种真诚而博大的爱都会在现实中得到应有的回报。善待别人,就等于善待自己。

史华兹论断：
"幸"与"不幸"，全在于你

从"塞翁失马"到"不幸中的万幸"

两只小鸟在天空中飞行，其中一只不小心折断了翅膀。无奈，它只好就地栖息疗伤，让另一只小鸟独自前行。另一小鸟觉得伙伴受了伤，太不幸了，可谁料，本以为很幸运的自己，没飞多远就惨死在猎人的枪口下。

世事往往就是这样，幸福总喜欢披着一件不幸的外套走进我们的生活。

战国时期，一位老人养了许多马。

一天，他的马群中忽然有一匹马走失了。邻居们听说后，便跑来安慰老人，可老人却笑道："丢了一匹马损失不大，没准会带来什么福气呢。"大家觉得老人的话很好笑，马丢了，明明是件坏事，却说也许是好事。

几天后,老人丢失的马不仅自动返回家,还带回一匹匈奴的骏马。邻居听说了,对老人的预见非常佩服,前来向老人道贺说:"还是您有远见,马不仅没有丢,还带回一匹好马,真是福气呀。"出人意料的是,老人听了反而忧虑地说:"白白得了一匹好马,不一定是什么福气,也许会惹出什么麻烦来。"大家觉得老人是故作姿态,白捡一匹马心里明明应该高兴,却偏要说反话。

突然有一天,老人的儿子从那匹匈奴骏马的马背上跌下来,摔断了腿。邻居听说后,又纷纷来慰问。老人说:"没什么,腿摔断了却保住了性命,或许是福气呢。"这次,大家都觉得他又在胡言乱语,摔断腿会带来什么福气?

不久,匈奴兵大举入侵,青年人都应征入伍,老人的儿子因为摔断了腿,不能去当兵。入伍的青年都战死了,唯有老人的儿子保全了性命。

这个故事,就是我们所熟知的"塞翁失马,焉知非福"。它告诉我们,好事与坏事都不是绝对的,在一定的条件下,坏事可以引出好的结果,好事也可能会引出坏的结果。

很多时候,幸福也是一样,总是蕴藏在不幸的外表下面。其实,从心理学角度讲,所有的"不幸事件",都只有在我们认为它不幸的情况下,才会真正成为不幸事件。与之类似,还有我们常说的"不幸中的万幸"的故事。

曾有一个中年男人以在路边卖热狗为生,勤快加热情令他的生意蒸蒸日上。没几年,他的儿子大学毕业后,找不到工作,便跟着他一起做生意。

有一天,儿子看到父亲还在发展生意,奇怪地问:"爸爸,您难道没有意识到我们将面临严重的经济衰退吗?"

父亲不解地问:"没有啊。为什么这么说呢?"

儿子答道:"目前,国际环境很糟,国内环境更糟,我们应该为即将来临的坏日子做好准备。"

这个男人想,既然儿子上过大学,还经常读报和听广播,他的建议不应被忽视。

于是,从第二天起,他减少了肉和面包的订购。没多久,光顾的人越来越少,销售量迅速下降。不过,因为他们的订货量也大量减少,所以,虽然没多少利润,但还不至于亏本。

他感慨地对儿子说:"你是对的,我们正处在衰退之中,幸亏你早点提醒我!真是不幸中的万幸啊!"

看了这个故事,很显然,"幸"与"不幸"都是依据人们自己心中的标准而言的。

所以,我们能不能获得幸福?现在是在不幸中挣扎,还是在幸福中陶醉?将来是步入幸福,还是陷入不幸?答案往往只有我们自己能回答。

能从不幸中看幸福,就会别有洞天

虽然世界是现实的,但看不见、摸不到的命运却一直藏匿在我们的思想里,我们若能懂得从不幸中看幸福,那么,你就会发现,原来结局别有洞天。

正如心理学家哈利·爱默生·佛斯迪克博士所指出的:"生动地把自己想象成失败者,这就足以使你不能取胜;生动地把自己想象成胜利者,将带来无法估量的成功。伟大的人生以想象中的图画——你希望成就什么事业、做一个什么样的人——作为开端。"很多伟大人物最终取得的成功，就是凭借这样一种智慧的心态取得的。

瑞典发明家奥莱夫，出生在伐姆兰省的一个小乡村，父母都是最贫苦的佃农。

奥莱夫出生的时候，家里一贫如洗，最值钱的财产就是一支鸟枪和3只鹅。当时，一位身着华丽衣服的亲戚抱着自己的儿子，讥笑奥莱夫的父母说："你们那儿子生下来就注定是一个看鹅的！"

奥莱夫的父母听后，气愤地说："只需要20年时间，我们的奥莱夫肯定会成为富翁，到时候他会雇你的儿子帕尔丁当马夫。"

要知道，20年只是正常人生的1/4。从奥莱夫6岁起，父亲就让他读路德的《训言集》，教育他对自己的人生目标进行定位，使每个小时都服务于这个目标。

奥莱夫没有让父母失望，上中学后他就懂得把时间分配得细致精密，使每年、每月、每天和每小时都有它的具体任务。在一篇作文里，奥莱夫自信地写下："奥莱夫将来一定是国家的栋梁！谁盗窃奥莱夫1分钟的时间，谁就是盗窃瑞典！"

言如其实，20岁的时候，奥莱夫果然创造了一项重大发明，并且很快成了瑞典数一数二的发明家和富翁。

奥莱夫的成功，深刻地告诉我们，遇到所谓的"不幸"并不是什么可怕的事情，关键是我们如何去看待它，如何对待它。

事实上，时间是永不停息的，世界是不断发展、变化的，所以没有什么"幸"与"不幸"是永恒不变的，我们只有学会从不幸中看到幸福,采取有效的措施扭转大家所谓的"不幸"的趋势,自信地找准一个方向,并耐心地、努力地坚持下去,幸福与成功便会水到渠成。

任何时代、任何事件,都是无所谓好坏的,眼前的一切,不过是时间轴上的一个点。学会放眼前方,用心去寻找、去捕捉那蕴于不幸中的幸福,我们最终会发现,在这个无限延伸、充满变数的轴线上,自己真的得到了幸福。

罗伯特定理：

走出消极旋涡，不要被自己打败

世上没有过不去的坎

  这个世界上没有人能把你打倒，除了你自己；这个世界上没有什么困难能难得倒你，除非你自己放弃。人生道路漫漫，坎坷重重，遇到挫折摔一跤，是在所难免的，只是当我们面对挫折时，应当无所畏惧，愈挫愈勇。现在我还记得小时候妈妈说的一句话："跌倒了，自己爬起来！"

  无论遇到什么境况，都不应该放弃自己，对自己失去信心。有这么一则故事：

  一天傍晚，一位美丽的少妇坐在岸边的一棵大树旁，梳洗着自己的头发，一位老渔夫在湖边泛舟打鱼，这本来是多么美丽的一幅风景画。可是，当渔夫撑船准备划向湖心时，突然听到身后传来"扑通"一声，老渔夫回头一看，原来是那位美丽的妇人投河自尽了。老渔夫急忙掉转船头,向少妇落水的地方划去,跳进水里,救起了少妇。渔夫不解地问少妇:"你年纪轻轻的,为什么寻短见呢?"少妇哭诉道:"我结婚才两年,丈夫就遗弃了我,接着孩子又病死了,您说我活着还有什么意思?""两年前你是怎么生活的?"渔夫问。少妇想了想,眼睛一下变亮了:"那时我自由自在,无忧无虑,生活得无比幸福……""那时你有丈夫和孩子吗?""当然没有。""可是现在,你同样是没有丈夫和孩子呀!你只不过是又回到了两年前的状态,现在你又自由自在,无忧无虑了。记住,孩子,那些结束对你来讲应该是一个新的起点。"少妇仔细想了想,猛然醒悟,她回到了岸上,望着远去的老渔夫,心中又燃起了新的生活希望,从此再也没有寻过短见。

这位少妇的人生遭遇的确很不幸,但是真正让她走上绝路的不是这些不幸,而是她自己,是她放弃了自己。其实,人生会遭遇什么,我们无法控制,我们能控制的就是我们自己的心态,就是如何来看待这些遭遇。"宠辱不惊"是一种境界,"永不放弃"是一种态度。对待我们宝贵的生命,我们应该永不放弃;对待人生的遭遇,我们应该宠辱不惊。

张海迪、桑兰,这些让我们既自豪又羞愧的名字,她们用自己的故事告诉我们:人生,没有过不去的坎,无论怎样,都不能放弃自己。与之形成对比的是,有一些人一遇到困难就萎靡不振,有些人甚至被误以为的灾难给害死了。前几年,报纸上有一则报道,说一个人得了感冒被误诊为癌症,结果没几天这个人就死了。这个人就是被自己给害死的,他以为自己得了癌症,肯定活不了,自己先放弃了自己,生命自然也就放弃了他。美国作家欧·亨利在他的小说《最后一片叶子》里也讲了个类似的故事,只是故事里那个放弃了自己生命的病人,被一位老画家及时救了回来。这位画家并不是妙手回春的神医,他只是用彩笔画了一片叶脉青翠的树叶挂在病人窗外的树枝上,只因为生命中的这片绿,病人竟奇迹般地活了下来,这就是希望的力量。

人生在世,不可能一切都是一帆风顺的。当你遭遇失败时,当一切似乎都是暗淡无光时,当你的问题看起来似乎不会有什么好的解决办法时,千万不要放弃希望,只要心存信念,勇敢地站起来,你就会看到奇迹发生。

别让悲观遮挡了生命的阳光

有一个对生活极度厌倦的绝望少女,打算以投湖的方式自杀。在湖边她遇到了一位正在写生的老画家,老画家专心致志地画着一幅画。少女厌恶极了,她鄙薄地看了老画家一眼,心想:幼稚,那鬼一样狰狞的山有什么好画的?那坟场一样荒废的湖有什么好画的?

老画家似乎注意到了少女的存在和情绪,他依然专心致志、神情怡然地画着。过了一会儿,他说:"姑娘,来看看画吧。"她走过去,傲慢地睨视着老画家和他手里的画。少女被吸引了,竟然将自杀的事忘得一干二净,她没料到世界上还有那样美丽的画面——他将"坟场一样"的湖面画成了天上的宫殿,将"鬼一样狰狞"的山画成了美丽的、长着翅膀的女人,最后将这幅画命名为《生活》。这时,老画家突然挥笔在这幅美丽的画上点了一些黑点,似污泥,又像蚊蝇。少女惊喜地说:"星辰和花瓣!"老画家满意地笑了:"是啊,美丽的生活是需要我们自己用心发现的呀!"

一个阳光的人，心情乐观开朗，他的人生态度是积极的，不管在工作中还是在生活上，都能很好地完成任务，因此这类人在这段时间里自我价值的实现也就相对比较多。自我价值实现得越多，自我肯定的成就感也就越多，这样就能拥有一个好的心情，形成一个良性循环。相反，一个心情阴暗的人整天愁眉苦脸地面对生活，不管做什么事情都不积极，甚至错误百出，那么他的自我价值的实现就会越来越少，自我否定的因素就会增加，使心情更加消极抑郁，成了一个恶性循环。

世界的色彩是随着我们情绪的变化而变化的，你拥有什么样的心情，世界就会向你呈现什么样的颜色。所以，别让悲观挡住了生命的阳光，当你的心情快乐起来的时候，你的世界将会是朗朗晴空。

幸福递减定律：
知足才能常乐

莫让内心失去对幸福的敏感

一个饥肠辘辘的人遇到一位智者，智者给了他一个面包，他边吃便慨叹："这真是世界上最香甜的面包！"吃完，智者给了他第二个面包，他开心地继续吃着，脸上洋溢着幸福的满足感。吃完，智者又给了他第三个面包，他接过面包，一副饱胀的样子。吃完，智者又给了他第四个面包，不料，他痛苦地吃着面包，最初的快乐荡然无存。

也许你会不解，为何饥饿者得到的面包总数不断增加，而幸福感与快乐却随之减少。这就是著名的幸福递减定律。

与上面的例子相似，我们在生活中，还常遇到这样的情况：人在很穷的时候，总觉得有钱才是幸福；但真成了富翁的时候，再被问及什么是幸福，他往往会说平淡之类的是幸福，而不再是过去一直崇拜的金钱。

事实上,幸福之所以打了折扣,并不是幸福真的减少了,而是由于我们内心起了变化。正如幸福递减定律所阐释的,人处于较差的状态下,一点微不足道的提高都可能兴奋不已;而当所处的环境渐渐变得优越时,人的要求、观念、欲望等就会变得越高。所以,当你感觉不到幸福的时候,幸福依然在你的周围,只是你的内心失去了对它的敏感。关于这一点,曾有这样一个有趣的故事:

一个国王带领军队去打仗,结果全军覆没。他为了躲追兵而与人走散,在山沟里藏了两天两夜,期间粒米未食、滴水未进。后来,他遇到一位砍柴的老人,老人见他可怜,就送给他一个用玉米和干白菜做的菜团子。饥寒交迫的他狼吞虎咽地就把菜团子吃光了,并觉得这是全天下最好吃的东西。于是,他问老人如此美味的食物叫什么,老人说叫"饥饿"。

后来,国王回到了王宫,下令膳食房按他的描述做"饥饿",可是怎么做也没有原来的味道。为此,他派人千方百计找来了那个会做"饥饿"的老人。谁料,当老人给他带来一篮子"饥饿"时,他却怎么也找不到当初的那种美味的口感了。

我们不难看出,国王回宫后,尽管菜团子还是当时的"饥饿",但因为顿顿都是山珍海味,饱食终日令其再也没有饥肠辘辘的感觉,所以那种"饥饿"的美味自然也就不复存在了。

可见,幸福不过是人们的一种感觉。但这种感觉又是灵活多变的,同一个人对同一种事物,在不同的时间、不同的地点、不同的环境,会有完全不同的感觉。

再用最前面那个饥饿者与面包的例子来说。一开始他非常饥饿，第一个面包送到嘴里，便感到无比香甜，无比幸福；吃第二个面包时，由于吃完第一个面包已经不那么饥饿了，幸福的感觉便会明显消减；等吃第三个和第四个面包的时候，反而有了肚子发撑、吃不吃都无所谓的感觉，当然就谈不上什么幸福感了。

这种幸福的递减告诉我们，幸福随着追求而来，随着希望而来，随着需要而来，但随着这些条件的变化，它又像过客一样，不会永远停留在某时、某处。既然如此，那不断追求和企盼幸福的我们，又该怎么办呢？

我们应学会用心去体会生活，去感受点滴的幸福。要知道，生活本身就是一种礼物，如果你想抱怨食物不够美味，请想想那些食不果腹的人，跟他们比，难道你不幸福吗？如果你想抱怨工作不顺、乏味，请想想那些仍未找到工作而四处奔波的求职者，跟他们比，难道你不幸福吗？如果你想抱怨爱情不够浪漫，请想想那些还在为结束单身生活而向上帝祷告的人，跟他们比，难道你不幸福吗？如果你想抱怨自己的孩子不够聪明，请想想那些渴求骨肉却不能生育的人们，跟他们比，难道你不幸福吗？

所以，请时刻提醒自己，幸福就在我们身边，要懂得用心去感受，不要让我们的内心麻痹，失去对幸福的敏感。

知足与感恩，飞往幸福的一对翅膀

中国有句俗话叫"知足常乐"，生活在尘世，或许已经很少有人能真正达到知足者常乐的意境了。因为人都是有贪欲的，想要的东西越得不到就越想得到，经过努力得到才会觉得很高兴，但是得到的多了又会变成负担。

其实，世界上根本没有十全十美的人和事，但知足可以让我们活得更加轻松。

一对青年男女步入了婚姻的殿堂，甜蜜的爱情高潮过去之后，他们开始面对日益艰难的生计。妻子整天为缺钱忧郁不乐，因为有了钱才能买房子，买家具家电，才能吃好的、穿好的……可是，他们的钱太少了，少得只够维持最基本的日常开支。丈夫却是个很乐观的人，不断寻找机会开导妻子。

有一天，他们去医院看望一个朋友。朋友说，他的病是累出来的，常常为了挣钱不吃饭、不睡觉。回到家里，丈夫就问妻子："假如给你钱，但让你跟他一样躺在医院里，你要不要？"妻子想了想，说："不要。"

过了几天，他们去郊外散步。他们经过的路边有一幢漂亮的别墅。从别墅里走出来一位白发苍苍的老者。丈夫又问妻子："假如现在就让你住上这样的别墅，但变得跟他一样老，你愿意不愿意？"妻子不假思索地回答："我才不愿意呢！"

他们所在的城市破获了一起重大团伙抢劫案，这个团伙的主犯抢劫现钞超过100万，被法院判处死刑。

罪犯押赴刑场的那一天，丈夫对妻子说："假如给你100万，让你马上去死，你干不干？"

妻子生气了："你胡说什么呀？给我一座金山我也不干！"

丈夫笑了："这就对了。你看，我们原来是这么富有，我们拥有生命，拥有青春和健康，这些财富已经超过了100万，我们还有靠劳动创造财富的双手，你还愁什么呢？"妻子把丈夫的话细细地咀嚼品味了一番，也变得快乐起来了。

通过上面的例子，我们看出幸福其实很简单，只是一种身体和心理的快乐感受，是摆脱欲望羁绊后的无忧无虑。懂得知足，人才会变得豁达。所以，知足是一件无价之宝，无论你是否曾经意识到，从现在开始，学会知足吧，用内心感受身边的幸福。

懂得了知足常乐的道理，我们就要怀着感恩的心面对生活。那样，人们就会更加乐意与你亲近，人生也会因此而更加美好。

黄美廉自小就患有脑性麻痹，病魔夺去了她肢体的平衡感与发声讲话的能力。然而，她没有向这些外在的痛苦屈服，而是昂然面对，迎向一切的不可能，终于获得了加州大学艺术博士学位。

有一天，她站在台上，不规律地挥舞着她的双手；仰着头，脖子伸得好长好长，与她尖尖的下巴扯成一条直线；她的嘴张着，眼睛眯成一条线，诡谲地看着台下的学生。基本上，她是一个不会说话的人，全场的学生都被她不能控制自如的肢体动作震慑住了。这是一场倾倒生命、与生命相遇的演讲会。

"黄博士，你从小就长成这个样子，你都没有怨恨吗？"台下的一位同学小声地问道。

"我没有怨恨，我很感激上帝给予我的一切。"美廉用粉笔在黑板上重重地写下这几个字。她写字时用力极猛，很有气势。写完这个问题，她停下笔来，歪着头，回头看着发问的同学，然后嫣然一笑，回过头来，在黑板上龙飞凤舞地写了起来：

妈妈给了我可爱的面容！

上帝给了我一双很长很美的腿！

老师对我也很好！

我会画画！我会写稿！

……

忽然，教室内一片鸦雀无声，没有人敢讲话。她回过头来定定地看着大家，再回过头去，在黑板上写下了她的结论："我感激别人给我的一切。"

不得不承认，黄美廉是不幸的，因为病魔残忍地剥夺了她肢体的平衡感与发声讲话的能力。然而，她并没有陷入自怨自艾、忧愁或悲观等消极心态的旋涡，而是怀着一颗感恩的心，孜孜以求。所以，她和我们一样，能够拥有"可爱的面容""很长很美的腿"博学慈爱的"老师"，能够画自己想画的画面、书写自己心中的话……

试想，如果我们都能像美廉那样，拥有一颗感恩的心，懂得知足，那么，我们怎么会不幸福呢？

古特雷定理：
有希望，一切皆有可能

步步为营，才能走出迷宫

1928年，美国加州专攻园艺的耶鲁大学博士辛柏森，受美国基督新教美以美会的派遣，来到北戴河海滨。他在这里工作、生活了12年，创办了东山园艺场，引进了苹果、葡萄、李子、樱桃等20多种优良果树；引进了荷兰奶牛、约克夏猪、来航鸡等优良禽畜；还引进和推广了华北绿化先锋灌木——紫穗槐。但真正让他名扬天下的，是他在北戴河建的那座"怪楼"。

"怪楼"其实是幢别墅，只是结构太过离奇古怪，所以在它建好不久，就赢得了"怪楼"的称谓。"怪楼"整体上属于欧洲哥特式建筑，三层五顶，七角八面，楼顶的每一个角，都用花岗岩做成尖形墙垛，直插云霄，非常好看。主要是全楼有44个门、46个窗，屋套屋，间套间，大大小小，相通相连，每间屋的出口都是另一间屋的入口。生人进来，三拐两拐，就很难再找着刚刚进来的那个门。走进中间大厅,四周都是大玻璃镜子,往中间一站,到处都是人影,转上一圈,就很难找到出去的门了。地下室正中有一口水井,围绕着井口,修了一个盘旋式楼梯,贯通上下。这水井,就成了别墅里的温度湿度天然调节器——夏季用来降低气温,冬季用来增加湿度;这楼梯,用藤条和果树干枝做成,走上去,忽忽闪闪,松松软软,颤颤悠悠,真是妙趣横生。从修成之日起,它就成了北戴河的一道瑰丽而神秘的风景线,至今仍吸引许许多多的游人前来参观。

  人生也像这怪楼一样,看起来像个迷宫,出口与入口却彼此相通。很多时候,我们会迷茫,会彷徨,会不知所措。其实,人生并没有我们想的那么复杂与无奈,目标与理想也不是那么遥不可及、高不可攀。只要我们弄清楚我们要过什么样的人生,然后把这个终极目标拆分成一个一个的小目标,一步一步地去实现每一个小目标,你会发现在不知不觉中,你曾经认为自己怎样也无法完成的目标,竟然莫名其妙地实现了。

  生活是路,要一步一个脚印地走,才能找到出口;人生如歌,要一个音符一个音符地提上去,才能找到你的最高音在哪里。如果你想一口吃个胖子,那现实会告诉你你是痴心妄想;如果你认为理想只有梦中才能实现,那现实会反驳你,只要一步步地接近,最终你会看到理想就在眼前。

  曾经获得两次国际马拉松邀请赛(1984年东京国际马拉松邀请赛和1986年意大利国际马拉松邀请赛)世界冠军的日本选手山田本一,是个性情木讷、不善言谈的人。每次有记者问他为什么可以取得如此惊人的成绩时,他就会说这么一句话:凭智慧战胜对手。他的智慧到底是什么呢？一直到10年后，人们在他的自传中才找到这个谜的答案："每次比赛之前，我都要乘车把比赛的线路仔细地看一遍，并把沿途比较醒目的标志画下来，比如第一个标志是银行，第二个标志是一棵大树，第三个标志是一座红房子……这样一直画到赛程的终点。比赛开始后，我就以百米的速度奋力地向第一个目标冲去，等到达第一个目标后，我又以同样的速度向第二个目标冲去。40多公里的赛程，被我分解成几个小目标轻松地跑完了。起初，我并不懂这样做的道理，我把目标定在40多公里外终点线上的那面旗帜上，结果我跑到十几公里时就疲惫不堪了，我被前面那段遥远的路程给吓倒了。"

不断攀登，成功没有顶点

"世上无难事，只要肯登攀"。人的潜力是无限的，无论多难的事，只要你一步步地努力去做了，就一定会完成。但很多人之所以在人生的路上摔跤或没有获得很大的成就，很大一方面是由于为自己的一点点小成绩而得意扬扬，停滞不前。其实，他们不明白，人生就是一个不断前进的过程，是一种"没有最好只有更好"的状态。

"没有最好只有更好"不仅仅是一句你所听过的广告词，还是一个哲理，一个口号。有一位朋友的口头禅就是"没有最好，只有更好"，而且他一直把它当作自己的座右铭，不断地激励自己不停奋进。这一次他的科研论文又成了整个行业学术的引领篇，但对于他来说，这只是下一个目标的起点。《杜拉拉升职记》中的杜拉拉就是这样一个人，在工作上从没有停止过挑战更高的职位，从不满足于目前的状况，提高自己的能力，不断地攀升，不断地登高。

今天的名人或伟人，都是昨天一步步不停攀登的普通人；今天的跨国大企业，在昨天也往往只是一个家庭小作坊。他们之所以会有今天的骄人成就，就是因为他们在达成一个目标后，不是选择享受已有的成果，而是把这个目标作为下个目标的基础，更上一层楼。一个在事业上成功的人，一般都拥有一颗永不满足的心。日本直销天王中岛薰说道："我向来认为自己最大的敌人就是满足。成功永远只是起点，而不是终点。"百万富翁想当千万富翁，千万富翁想当亿万富翁，亿万富翁想角逐《财富》排行榜。越成功的人，自信心越强，对成功的欲望越大。成功的人已经把成功看成是一种行为习惯，一种思维习惯。

每个人都想成功，但并不是所有的人都能够成功，其主要原因在于追求成功的方法不对。只要找到正确合理的方法，成功并不难，难的是不断挑战新高峰，不把自己已得的成绩看作成功。

其实，成功都是一时的，它只是我们不断前行的基石。人生的大目标都是不断变化的，我们要明白人生真正的意义就在于不断地进取和攀登，要学会忘掉过去的成绩，因为那已成为历史，只有不断站在新的起点，攀登新的高峰，才能实现人生新的价值，要知道成功没有顶点。

右脑幸福定律：
幸福在"右脑"

令人幸福的神奇右脑

据说在篮球的发明过程中，有一个有趣的故事。最初的篮球比赛，真的是在球架上挂个篮子，双方一面防守，一面进攻，看谁投进篮筐的次数多。但是，这样比赛也有麻烦，一旦球投进篮筐里，就需要有人爬上球架把球取出来，然后比赛再继续进行。这无疑要影响观众看球的心情，而且比赛本身的激烈程度也大大减弱。后来人们甚至发明了一种专门捡球的装置，能很快地把球从篮中拿出来，但还是无法从根本上解决比赛中断的问题。

一天，一个孩子和父亲去看篮球赛。从未看过篮球比赛的孩子非常高兴，但却对捡球的事实表示非常困惑。父亲认真地解释说，随着技术的改进，将来人们一定会发明更好的设备，让捡球的时间大大缩短。而孩子却大惑不解地说："直接把篮子底拿掉不就行了么？"

父亲和孩子对同一个问题有着截然不同的想法，不是因为年龄的问题，而是因为左脑与右脑的使用部分不同。人的左右两个大脑半球是有严格分工的，左脑是属于逻辑的、理性的、功利的、个人经验的、分析的、计算的大脑，人要生存，就必须利用好左脑。左脑可以使人享受成功，却无法让人享受长久的幸福感。而右脑则是祖先的大脑。它属于灵感的、直觉的、音乐的、艺术的、宗教的，是可以产生美感和喜悦感的大脑。

心理学家们根据左右脑分工的不同，并联系到左右脑各自的使用程度与生活幸福感之间的联系，从而提出了"右脑幸福定律"。该定律的提出者克莱贝尔就曾做过一项调查，结果发现，现在绝大多数人看待问题和思考生活都是习惯于利用左脑，而对右脑的使用少之又少，这样就造成了左右脑的使用不平衡的现象，不仅会引发失眠、焦虑、抑郁症等心理疾病，而且不易让人感觉到幸福。

那么，为什么生活中绝大多数人都是以左脑为中心来生活呢？这是因为左脑是"竞争脑""现实脑"。左脑的优势显而易见，它能讲会算，好学上进，因此在人的生活中占据着中心地位。但是以左脑为中心的生活方式却是单色调的。因为左脑考虑的主要是利害得失，因此观察人生和社会的视野就未免会有些狭隘。

相对于左脑来说，右脑则是人类遗传信息的巨大宝库，是人类精神生活的深层基础。梦、顿悟、灵感、潜意识等与创造力相关的心理过程，主要是由右脑激发的。但是长期以来，我们大多在使用左脑，右脑更多的时候是被人们忽视的。据有关研究表明，人脑目前所具有的能力，仅占大脑全部能力的5%~10%，而人类大脑潜力的90%~95%蕴藏在右脑。所以右脑就如同一个巨大的潜力宝库,等待人们去发掘。

因此,为了使自己生活得更快乐,身心更健康,我们必须训练自己使用右脑的能力。

开发右脑的四大有效途径

生活中,我们没有刻意地想要使用左脑或者右脑,之所以使用左脑要多一些,除了因为左脑是"现实脑"之外,还有一点原因,就是因为左脑很好开发,而右脑很难开发。但是,很难开发不等于说不能开发,近年来,随着科技水平的提高,心理学家们已经提出了一些开发右脑的可行性方法。

那么,怎么样才能开发右脑呢?我们可以先从下面几个方面入手:

第一,调动想象力

想象能帮助我们建立信心,还会对行为成败产生巨大影响。如果脑海中浮现出成功的情景,实际成功的概率就会增加。斯坦福大学神经生理学家普利格兰博士,将其命名为"正馈"。

例如,可以进行这样的训练:凝视一个橘子,反复观察其形状、颜色,然后抚摩表面,再闻其气味。然后,闭上眼睛,回忆橘子给你留下哪些印象。同时,放松,消除其他杂念,想象自己钻进橘子里,里面是什么样子?你感觉到了什么?它的滋味怎样?最后,想象自己从橘子中走了出来,记住刚才在橘子内部看到、尝到、感受到的一切。

第二,尝试发散式思考

发散思维又称求异思维、辐射思维,是指从一个目标出发,沿着各种不同的途径去思考，探求多种答案的思维。若经常训练，将使自己的思维更灵活多变，流畅而富有独特性。

锻炼发散思维的方式很灵活，例如，随手拿张当天的报纸，在一个版面的标题中随意扫一眼，选出一个词，动作要快，不要仔细考虑。共选出三个版面的三个词，然后将三个词联系成一段有意义的句子。比如"平民""坐落""希望"，那么，你可以将这三个词连成一个什么句子呢？这种训练方法在熟练之后，可以增加词的数量。

第三，提高集中力

集中力就是将左脑的活动控制在最低程度，将行动完全交付给右脑的一种心理状态。集中力提高时，右脑处于活性化状态，并产生大量 α 脑电波。例如，运动员要比赛时，应该具有高度集中的能力，而不能想："我输了该怎么办？"在生活中，你面临的任务越难，越需要提高你的集中力。提高集中力的一个有效方法是准备两个盘子，一个盘子里放有10粒黄豆。用筷子将黄豆一粒粒夹进另一个盘子里。此练习可以多人同时进行，可以将每人所用的时间记录下来，也可作为比赛游戏项目。对于每个人来说，也可以比较自己所用的时间是否缩短。

总而言之，只要每个人长期坚持完成适合自己的右脑训练，就能够提升自己的右脑潜能，打开自己的成功天赋。正如心理学家马尔茨所说："所有人都是为成功降临到这个世界上的，但是有人成功了，有人没有。这只是因为每个人使用自己的大脑的方式不同。"

相关定律：
条条大路通罗马，万事万物皆联系

源自"万事万物皆有联系"的"以此释彼"智慧

哲学认为，万事万物皆有联系，世界上没有孤立存在着的事物。例如，水涨船高，说的是水与船的联系；积云成雨，说的是云与雨的联系；冬去春来，说的是冬季与春季之间的联系……

正是由于事物之间存在这种普遍联系，它们才会相互作用，相互影响。因此，一个问题的解决，往往影响到其周围与之相连的众多事物。这就为我们解决问题带来了很好的启发。在进行创造性思维、寻找最佳思维结论时，可根据其他事物的已知特性，联想到与自己正在寻求的思维结论相似和相关的东西，从而把两者结合起来，达到"以此释彼"的目的。即运用心理学中的相关定律。

在这方面，美国铁路两条铁轨之间标准距离的由来就是最好的例证。

美国的铁路两条铁轨之间的标准距离是 4.85 英尺。人们对于这个很奇怪的标准非常好奇。美国的铁路原先是由英国人建造的，所以采用了英国的铁路标准，即 4.85 英尺。

人们又问："英国人又为什么要用这个标准呢？"原来英国的铁路是由建电车的人所设计的，4.85 英尺是电车轨道所用的标准。

那电车的铁轨标准又是从哪里来的呢？原来最先造电车的人以前是造马车的，而他们则是沿用了马车的轮宽标准。

可马车为什么一定要用这个轮距标准呢？因为如果那时候的马车用任何其他轮距的话，马车的轮子很快会在英国的老路上撞坏的。这是为什么呢？因为这些路上的辙迹的宽度都是 4.85 英尺。

那么，这些辙迹又是从何而来的呢？答案是古罗马人所制定的，而 4.85 英尺正是罗马战车的宽度。

于是又会有人问："为什么会选择罗马战车的宽度呢？"因为在欧洲，包括英国的长途老路，都是由罗马人的军队所铺的，所以，如果任何人用不同的轮宽在这些路上行车的话，轮子的寿命都不会长。

最后，人们还会问："罗马人为什么以 4.85 英尺为战车的轮距宽度呢？"

原因很简单，这是两匹拉战车的马的屁股的宽度……

通过这个经典的实例，我们可以看出，人们想知道美国铁路两条铁轨之间的标准距离是根据什么设计出来的，并不是一下子就在马屁股上找到答案的，而是通过英国铁路、英国电车、马车、老路辙迹、罗马战车、罗马老路等一系列与该问题相关的事物，顺藤摸瓜，最终找到了想要的答案。

其实，由于万事万物无不处于联系之中，我们遇到问题，应学会发散思维，不要总揪住一个点不放，想不通时，不妨找些与问题相关联的事物，从这些相关处着手，利用"以此释彼"的智慧，往往会令你恍然大悟。

做人别一根筋，做事别一条路跑到黑

生活中，我们常用"一条路跑到黑"来形容那些一根筋或钻牛角尖的人。然而，在遇到难题的时候，人们又往往不自觉地成为"一条路跑到黑"的傻瓜。那么，我们如何在难题面前不当傻瓜呢？先看一看下面这个例子：

加拿大伯塔省有一名叫斯考吉的高中女生。为了实现自己到25岁成为百万富翁的誓言，斯考吉从小就喜欢看比尔·盖茨的书，并研究《财富》杂志每年所列全球最富有的100个人。她发现那些人中，有95%以上的人从小就有发财的欲望，57%的全球巨富在16岁之前就想到了开自己的公司，3%的全球巨富在未成年之前至少做过一桩生意。于是，她得出结论，要致富，就必须从小有赚钱的意识。

在赚钱方面，小斯考吉选择了投资股票。很多投资股票的人，不是盯着电视就是盯着报纸，因为这些媒体都对股市做直接报道。然而，小斯考吉并没有选择这种直接的途径，而是根据证券营业部门口的摩托车数量决定该股是抛售还是买进。

例如，她专盯一家钢铁企业的股票。当这家企业股票下跌到4美元以下时，某证券营业部门口的摩托车便多起来，过一段时间，股价又涨了回去；当这只股票涨到8美元左右时，该证券营业部门口的摩托车又会开始多起来，接下去，该股必跌。其间，她经过调查发现，该企业的工人们不愿意看到工厂的股票下跌，每次股价太低时，他们就自发地去买进一些股票，从而带动股价上升；当上升到一定高位后，工人们便抛售股票，致使该股下跌。

就是这样，小斯考吉借助工人们往返证券营业部的摩托车的数量的变化，采取抛售或买进的举措，取得了不小的收获。

通过这个事例我们可以看出，小斯考吉巧妙利用相关定律，从与股市相关的抛买人群的行动变化下手，反而比那些只知道盯着直接报道股市的媒体的人们更有收效。

与此类似，我们在日常生活中会遇到很多棘手的问题，这些问题往往让人不知如何处理。于是，有的人在困难面前驻足不前，绞尽脑汁也想不出什么好方法；而有的人转换思维，从与之相关的事情着手，很快使问题迎刃而解。

野马结局：
不生气是一种修行

生活中的"野马"

有这样一则故事：

一天早晨，有一位智者看到死神向一座城市走去，于是上前问道："你要去做什么？"

死神回答说："我要到前方那个城市里去带走100个人。"

那位智者说："这太可怕了！"

死神说："但这就是我的工作，我必须这么做。"

这个智者告别死神，并抢在它前面跑到那座城市里，提醒所遇到的每一个人，请大家小心，死神即将来带走100个人。

第二天早上，他在城外又遇到到了死神，带着不满的口气问道："昨天你告诉我你要从这儿带走100个人，可是为什么有1000

个人死了？"

死神看了看智者，平静地回答说："我从来不超量工作，而且也确实准备按昨天告诉你的那样做了，只带走100个人。可是恐惧和焦虑带走了其他那些人。"

实际上，在生活中，这样的事情经常会发生，只不过我们没有在意。不良的情绪可以起到和死神一样的作用，这就是野马结局的心理效应。

野马结局来源于一匹野马和吸血蝙蝠的故事：

有一种吸血蝙蝠，喜欢叮咬在野马的腿上吸血。它们主要依靠吸食动物的血生存。为了赶走这个小家伙，野马拼命地奔跑、撞击，可是吸血蝙蝠就是无动于衷。那些小蝙蝠一定要等到吸得饱饱的才离开，而野马因为忍受不住折磨，暴怒而亡！动物学家发现蝙蝠吸的血量其实不多，完全不足以使野马死亡。原来，造成野马死亡的最直接原因是它对吸血蝙蝠的叮咬产生了剧烈的情绪反应，也就是说，野马是被暴怒情绪活活折磨致死的。

野马以可悲的结局告诫我们，负面情绪的力量极其可怕，如果不加以克制，则会产生严重的危害和影响。

一个人大发脾气或生闷气时人体生理上会产生一系列变化和反应，致使人体器官损伤，甚至危及生命。比如当你得知别人因为嫉妒而诬陷你偷盗的时候，你的大脑神经就会立刻刺激身体产生大量起兴奋作用的"正肾上腺素"，其结果是使你怒气冲冲，坐卧不安，随时准备找人评评理，或者"讨个说法"。

此外，生气还能伤脑失神，人在发怒时心理状态失常，使情绪高度紧张，神智恍惚。在这样恶劣的心理状态和强烈的不良情绪之下，大脑中的"脑岛皮层"受到刺激，长久后就会改变大脑对心脏的控制，影响心肌功能，引发突发的心室纤维颤动，心律失常，甚至心博停止而死亡。可见生气发怒可致使呼吸系统、循环系统、消化系统、内分泌系统和神经系统失调，并带来极大的损伤。

人生不是为了生气

当你正惬意地与友人散步街头，呼吸着雨后清新的空气，忽然一辆疾驰而来的车溅得你一身泥水时，你是不是会愤怒得瞪眼甚至破口大骂呢？生活中很多人都可能会。其实，这也是一种正常反应，即这种情况下产生愤怒的心理并使脾气变得异常暴躁，是一种正常的心理现象，特殊情况下动怒和激怒是一种痛苦和压抑的释放。

然而，如果你是一个稍有不顺心、不如意就大动肝火的人，那么应该给自己敲警钟了。火气大，爱发脾气，实际上是一种敌对和愤怒的心态，当人们的主观愿望与客观现实相悖时就会产生这种消极的情绪反应。一个人有爱发脾气的毛病，的确是令人苦恼和遗憾的。

早晨8点是上班的高峰期，李明开车去上班，由于车流量很大，眼看就要迟到了。车龙好不容易向前移动了一点，可面前的司机偏偏像睡着了一样，丝毫不动弹。李明开始冒火了，拼命地按喇叭，可前面的司机依然不为所动。李明气极了，他握住方向盘的手开始发白，仿佛紧紧地卡住前面司机的脖子，额头开始冒汗，心跳加快，满脸怒容。真想冲上去把那个司机从车里拖出来理论一番！

他简直无法控制自己了，车还是停滞不前，他终于冲上前去，猛敲车门，结果前面的司机也不甘示弱，打开车门，冲了出来。就这样，一场恶斗在大街上开始了，结果李明打碎了那个人的鼻梁骨，犯了故意伤人罪。等待他的将是法律的严惩，这下不仅没赶上上班的时间，反而连工作也彻底丢了，这一切都是他的脾气暴躁带来的。

脾气暴躁，经常发火，不仅会强化诱发心脏病的致病因素，而且会增加患其他病的可能性，它是一种典型的慢性自杀。因此为了确保自己的身心健康，必须学会控制自己，克服爱发脾气的坏毛病。

我们还可能看到过这样的画面，大街上聚着一群人，原来是两个人在吵架，旁人在围观。两位主角口沫横飞，甚至还有捋起袖子要一决高下的架势。细问之下，才知道起因是谁不小心踩了谁的脚。我们在为这样的小事也能形成这么有"规模"的场面而唏嘘不已时，也为他们感到羞愧。如果踩了别人脚的人及时说声"对不起"，如果被踩的人能在听到道歉后宽容地说一句"没关系"，不就不会有这样伤身、伤气又耗费时间的局面了吗？

如此大闹一场，于人于己都没有半点好处。在我们的生活中，如果人人能够和颜悦色一些，宽容大度一些，还有那么多的"口水战"吗？让人与人之间更友好一些，让生活更平和美丽一些，何乐而不为呢？

有一位禅师非常喜爱兰花，在平日弘法讲经之余，花费了许多的时间栽种兰花。有一天，他要外出云游一段时间，临行前交代弟子要好好照顾寺里的兰花。在这段期间，弟子们总是细心照顾兰花，但有一天在浇水时却不小心将兰花架碰倒了，所有的兰花盆都跌碎了，兰花撒了满地。弟子们都因此非常恐慌，打算等师父回来后，向师父赔罪领罚。禅师回来了，闻知此事，便召集弟子们，不但没有责怪，反而说道："我种兰花，一是希望用来供佛，二是为了美化寺庙环境，不是为了生气而种兰花的。"

禅师说得好："不是为了生气而种兰花的。"兰花的得失，并不影响他心中的喜怒。

在日常生活中，我们牵挂得太多，我们太在意得失，所以我们的情绪起伏，我们不快乐。在生气之际，我们如能多想想"我不是为了生气而工作的。""我不是为了生气而交朋友的。""我不是为了生气而做夫妻的。""我不是为了生气而生儿育女的。"那么我们的心情会宁静安详许多。

所以，当你要和别人起冲突时，要记住，彼此的相遇，不是用来生气的。

克制自我是一种智慧

在古老的西藏，有一个叫爱巴的人，每次和人生气起争执的时候，就以很快的速度跑回家去，绕着自己的房子和土地跑三圈，然后坐在田边喘气。

爱巴工作非常勤奋努力，他的房子越来越大，土地也越来越广。但不管房子和土地有多么广大，只要与人起争执而生气的时候,他就会绕着房子和土地跑三圈。

"爱巴为什么每次生气都绕着房子和土地跑三圈呢?"所有认识他的人心里都想不明白,但不管怎么问他,爱巴都不愿意明说。

直到有一天,爱巴很老了,他的房子和土地也已经太广大了,他生了气,拄着拐仗艰难地绕着土地和房子转,等他好不容易走完三圈,太阳已经下了山,爱巴独自坐在田边喘气。

他的孙子在旁边肯求他:"阿公,您已经这么大年纪了,这附近地区也没有其他人的土地比您的更广大,您不能再像从前,一生气就绕着土地跑三圈了。还有,您可不可以告诉我您一生气就要绕着房子和土地跑三圈的秘密?"

爱巴终于说出了隐藏在心里多年的秘密,他说:"年轻的时候,我一和人吵架、争论、生气,就绕着房地跑三圈,边跑边想自己房子这么小,土地这么少,哪有时间去和人生气呢?一想到这里气就消了,把所有的时间都用来努力工作。"

孙子问道:"阿公!您年老了,又变成最富有的人,为什么还要绕着房地跑呢?"爱巴笑着说:"我现在还是会生气,生气时绕着房子和土地跑三圈,边跑边想,自己房子这么大,土地这么多,又何必和人计较呢?一想到这里,气就消了!"

我们又何尝不是年轻时的爱巴呢?谁没有动过怒,生过气?每个人都有自己的脾气、性格、情绪,一旦控制不好,人与人的碰撞就充满了火药味,何况社会人生也自有其运行规则,不能让每一个人都顺心遂意。

然而,愤怒有它存在的理由,却不能让它主宰我们的生活。合理的情绪宣泄是必要的,可是为了避免野马结局,就应该把情绪控制在个人可以掌控的范围内。如果说情绪主要是通过外界带给个人的，那么心情就是自己的。为了守护阳光般的心情，人们应该学会控制阴暗情绪。只要通过努力，坏情绪是可以克制的。

在现实生活中，愤怒确实开始成为越来越多人的生活常态。一大早起来乘车就遭遇到交通堵塞，不知何时才能通过下一个路口，只能挂在公交车上自己生气；到公司上班，却遭到老板劈头盖脸一顿臭骂，此时此地敢怒不敢言，只能怒火中烧；劳累一天回家，妻子为鸡毛蒜皮的小事不停地唠叨，孩子又不听管教，堆积的怒火终于找到了出口，一发不可收拾地向孩子下手，小事就可以把人推向愤怒的深渊。

愤怒是一种带有破坏性的负面情感。长期被这些心理情绪困扰就会导致身心疾病的发生。有道是"要活好，心别小；善治怒，寿无数"。生活中，那些动不动就陷入情绪风暴的人，往往不懂得控制自己的情绪，才给身心带来巨大的危害。现实生活中也不乏一些因为情绪失控而引发的悲剧。所以，学会克制情绪是一件关系一生命运的大事情。

在负面情绪爆发之前，我们可以采取以下方法来克制。

第一，分析原因

闷闷不乐或者忧心忡忡时，所要做的第一件事情就是找出原因。比如，某个人一向心平气和，可突然一阵子对同事和丈夫都没好脸色，那就需要找原因了。或许是因为担心工作的调动问题，或许是与丈夫闹矛盾了。一旦了解到自己真正害怕的是什么，整个人似乎就会轻松许多。其实，将这些内心的焦虑用语言明确表达出来，便会发现事情并没有那么糟糕。找出问题的症结后，便能够集中精力对付它。这样，不仅消除了内心的焦虑，还会更加积极地投入到工作和生活当中。

第二，意识控制

人在负面情绪控制之下很容易失去理智。所以，在日常生活中，我们应该通过良好的道德修养和意志锻炼来减少或杜绝不良的情绪反应。比如，多读一些名人传记，多读一些经典名著，书中的内容可以丰富个人的文化底蕴，而且，读书的过程也是道德培养和意志锻炼的过程。

第三，积极乐观

有这样一句名言："一些人往往将自己的消极情绪和思想等同于现实本身，其实，我们周围的环境从本质上说是中性的，是我们给它们加上了或积极或消极的价值，问题的关键是你倾向选择哪一种？"同样是半杯水，乐观的人会说："还有半杯水呢！"而悲观的人则会说："只剩下半杯水了。"同样一个面包圈，乐观的人看到的是外面的面包，而悲观的人看到的只是中间的空洞。长期悲观的人会因为情绪的不良而对身体造成危害，而生命短暂，我们何苦又要自寻烦恼呢。

图书在版编目（CIP）数据

墨菲定律 / 李原编著. — 北京：中国华侨出版社，2017.12
ISBN 978-7-5113-7276-5

Ⅰ.①墨… Ⅱ.①李… Ⅲ.①成功心理—通俗读物 Ⅳ.①B848.4-49

中国版本图书馆CIP数据核字(2017)第309056号

墨菲定律

编　　著：李　原
出 版 人：刘凤珍
责任编辑：安　可
封面设计：施凌云
文字编辑：李　波
美术编辑：杜雨翠
经　　销：新华书店
开　　本：880mm×1230mm　1/32　印张：8.5　字数：179千字
印　　刷：北京德富泰印务有限公司
版　　次：2018年1月第1版　2018年8月第2次印刷
书　　号：ISBN 978-7-5113-7276-5
定　　价：32.00元

中国华侨出版社　北京市朝阳区静安里26号通成达大厦3层　邮编：100028
法律顾问：陈鹰律师事务所
发 行 部：（010）88893001　　传　　真：（010）62707370
网　　址：www.oveaschin.com　　E-mail：oveaschin@sina.com

如果发现印装质量问题，影响阅读，请与印刷厂联系调换。

▷ 马太效应 / 富者越来越富，穷者越来越穷。

墨菲定律

  世界上有许多神奇的人生定律、法则、效应，运用这些神奇的理论，我们能洞悉世事，解释人生的诸多现象，更重要的是，这些理论能指导我们如何去做，如何去改变我们的命运。不管你是否知道这些定律和法则，它们都在起着决定性的作用——只是我们很少去关注它们。

墨菲定律

出 版 人｜刘凤珍　　封面设计｜施凌云
策 划 人｜侯海博　　文字编辑｜李　波
责任编辑｜安　可　　美术编辑｜杜雨翠